建筑施工特种作业人员安全技术考核培训教材

塔式起重机安装拆卸工

住房和城乡建设部工程质量安全监管司　组织编写

中国建筑工业出版社

图书在版编目（CIP）数据

塔式起重机安装拆卸工/住房和城乡建设部工程质量安全监管司组织编写．—北京：中国建筑工业出版社，2010
建筑施工特种作业人员安全技术考核培训教材
ISBN 978-7-112-11700-0

Ⅰ．塔… Ⅱ．住… Ⅲ．塔式起重机-装配（机械）-安全技术-技术培训-教材 Ⅳ．TH213.306.6

中国版本图书馆CIP数据核字（2009）第242916号

建筑施工特种作业人员安全技术考核培训教材
塔式起重机安装拆卸工
住房和城乡建设部工程质量安全监管司　组织编写

*

中国建筑工业出版社出版、发行（北京西郊百万庄）
各地新华书店、建筑书店经销
北京红光制版公司制版
北京圣夫亚美印刷有限公司印刷

*

开本：850×1168毫米　1/32　印张：10⅞　字数：298千字
2010年2月第一版　2019年11月第十一次印刷
定价：**24.00**元
ISBN 978-7-112-11700-0
（18954）

版权所有　翻印必究
如有印装质量问题，可寄本社退换
（邮政编码　100037）

本书作为针对建筑施工特种作业人员之一塔式起重机安装拆卸工的培训教材，紧紧围绕《建筑施工特种作业人员管理规定》、《建筑施工特种作业人员安全技术考核大纲（试行）》、《建筑施工特种作业人员安全操作技能考核标准（试行）》等相关规定，对塔式起重机安装拆卸工必须掌握的安全技术知识和技能进行了讲解，全书共7章，包括：基础理论知识，塔式起重机概述，塔式起重机的稳定性，塔式起重机的安全装置，塔式起重机的安装与拆卸，塔式起重机维护保养和常见故障，塔式起重机常见安装拆卸事故和案例。本书针对塔式起重机安装拆卸工的特点，本着科学、实用、适用的原则，内容深入浅出，语言通俗易懂，形式图文并茂，系统性、权威性、可操作性强。

本书既可作为塔式起重机安装拆卸工的培训教材，也可作为塔式起重机安装拆卸工常备参考书和自学用书。

* * *

责任编辑：刘　江　范业庶
责任设计：赵明霞
责任校对：袁艳玲　王雪竹

《建筑施工特种作业人员安全技术考核培训教材》编写委员会

主　任： 吴慧娟

副主任： 王树平

编写组成员： （以姓氏笔画排名）

王　乔	王　岷	王　宪	王天祥	王曰浩
王英姿	王钟玉	王维佳	邓　谦	邓丽华
白森懋	包世洪	邢桂侠	朱万康	刘　锦
庄幼敏	汤坤林	孙文力	孙锦强	毕承明
毕监航	严　训	李　印	李光晨	李建国
李绘新	杨　勇	杨友根	吴玉峰	吴成华
邱志青	余大伟	邹积军	汪洪星	宋回波
张英明	张嘉洁	陈兆铭	邵长利	周克家
胡其勇	施仁华	施雯钰	姜玉东	贾国瑜
高　明	高士兴	高新武	唐涵义	崔　林
崔玲玉	程　舒	程史扬		

前　　言

建筑施工特种作业人员是指在房屋建筑和市政工程施工活动中，从事可能对本人、他人及周围设备设施的安全造成重大危害作业的人员。《建设工程安全生产管理条例》第二十五条规定："垂直运输机械作业人员、安装拆卸工、爆破作业人员、起重信号工、登高架设作业人员等特种作业人员，必须按照国家有关规定经过专门的安全作业培训，并取得特种作业操作资格证书后，方可上岗作业"，《安全生产许可证条例》第六条规定："特种作业人员经有关业务主管部门考核合格，取得特种作业操作资格证书"。

当前，建筑施工特种作业人员的培训考核工作还缺乏一套具有权威性、针对性和实用性的教材。为此，根据住房城乡建设部颁布的《建筑施工特种作业人员管理规定》和《建筑施工特种作业人员安全技术考核大纲（试行）》、《建筑施工特种作业人员安全操作技能考核标准（试行）》的有关要求，我们组织编写了《建筑施工特种作业人员安全技术考核培训教材》系列丛书，旨在进一步规范建筑施工特种作业人员安全技术培训考核工作，帮助广大建筑施工特种作业人员更好地理解和掌握建筑安全技术理论和实际操作安全技能，全面提高建筑施工特种作业人员的知识水平和实际操作能力。

本套丛书共 12 册，适用于建筑电工、建筑架子工、建筑起重司索信号工、建筑起重机械司机、建筑起重机械安装拆卸工和高处作业吊篮安装拆卸工等建筑施工特种作业人员安全技术考核培训。本套丛书针对建筑施工特种作业人员的特点，本着科学、实用、适用的原则，内容深入浅出，语言通俗易懂，形式图文并茂，可操作性强。

本教材的编写得到了山东省建筑工程管理局、上海市城乡建设和交通委员会、山东省建筑施工安全监督站、青岛市建筑施工安全监督站、潍坊市建筑工程管理局、滨州市建筑工程管理局、济南市工程质量与安全生产监督站、山东省建筑安全与设备管理协会、上海市建设安全协会、山东建筑科学研究院、上海市建工设计研究院有限公司、上海市建设机械检测中心、威海建设集团股份有限公司、上海市建工（集团）总公司、上海市机施教育培训中心、潍坊昌大建设集团有限公司、山东天元建设集团有限公司等单位的大力支持，在此表示感谢。

由于编写时间较为紧张，难免存在错误和不足之处，希望给予批评指正。

住房和城乡建设部工程质量安全监管司
二〇〇九年十一月

目 录

1 基础理论知识 …………………………………………… 1
  1.1 力学基本知识 ………………………………………… 1
    1.1.1 力的概念 ………………………………………… 1
    1.1.2 力的三要素 ……………………………………… 1
    1.1.3 力的单位 ………………………………………… 2
    1.1.4 力的性质 ………………………………………… 3
    1.1.5 力矩 ……………………………………………… 3
    1.1.6 物体质量的计算 ………………………………… 4
  1.2 电工基础知识 ………………………………………… 9
    1.2.1 基本概念 ………………………………………… 9
    1.2.2 交流电动机 ……………………………………… 15
    1.2.3 低压电器 ………………………………………… 18
  1.3 机械基础知识 ………………………………………… 22
    1.3.1 概述 ……………………………………………… 22
    1.3.2 齿轮传动 ………………………………………… 24
    1.3.3 蜗杆传动 ………………………………………… 27
    1.3.4 键销连接 ………………………………………… 27
    1.3.5 轴 ………………………………………………… 30
    1.3.6 轴承 ……………………………………………… 32
    1.3.7 联轴器 …………………………………………… 34
    1.3.8 制动器 …………………………………………… 36
  1.4 液压传动基础知识 …………………………………… 37
    1.4.1 液压传动的基本原理及其组成 ………………… 37

     1.4.2 液压系统主要元件 ·················· 38
     1.4.3 液压油 ·························· 44
     1.4.4 液压系统的维护保养 ·············· 45
  1.5 钢结构基础知识························ 46
     1.5.1 钢结构的特点 ···················· 46
     1.5.2 钢结构的材料 ···················· 46
     1.5.3 钢结构的应用 ···················· 48
     1.5.4 钢材的特性 ······················ 49
     1.5.5 钢结构的连接 ···················· 52
     1.5.6 焊缝表面质量检查 ················ 53
     1.5.7 钢结构的安全使用 ················ 53
  1.6 起重吊装基础知识······················ 54
     1.6.1 吊点的选择 ······················ 54
     1.6.2 常用起重索具 ···················· 56
     1.6.3 常用起重吊具 ···················· 72
     1.6.4 常用起重工具和设备 ·············· 85
     1.6.5 起重吊运指挥信号 ················ 99

2 塔式起重机概述 ··························· 101
  2.1 塔式起重机的类型和特点 ················ 101
     2.1.1 塔式起重机概述 ··················· 101
     2.1.2 塔式起重机的分类及特点 ··········· 103
  2.2 塔式起重机的性能参数 ·················· 106
     2.2.1 起重力矩 ························ 106
     2.2.2 起重量 ·························· 108
     2.2.3 幅度 ···························· 108
     2.2.4 起升高度 ························ 108
     2.2.5 工作速度 ························ 109
     2.2.6 尾部尺寸 ························ 109

2.2.7　结构重量 ································· 109
　2.3　塔式起重机的组成及其工作原理 ············· 110
　　2.3.1　塔式起重机的组成 ························· 110
　　2.3.2　塔式起重机的钢结构 ······················· 110
　　2.3.3　塔式起重机的工作机构 ····················· 117
　　2.3.4　塔式起重机的电气系统 ····················· 123
　2.4　塔式起重机结构图 ···························· 125
　　2.4.1　上回转小车变幅式塔式起重机 ·············· 125
　　2.4.2　上回转平头式小车变幅塔式起重机 ·········· 125
　　2.4.3　内爬式动臂塔式起重机 ····················· 127

3　塔式起重机的稳定性 ······························ 128
　3.1　塔式起重机基础 ······························ 128
　　3.1.1　整体式钢筋混凝土基础 ····················· 128
　　3.1.2　分体式钢筋混凝土基础 ····················· 129
　　3.1.3　轨道式基础 ································ 130
　　3.1.4　钢格构柱承台式钢筋混凝土基础 ············ 130
　　3.1.5　轨道式塔式起重机改作固定式时的基础处理 ··· 132
　3.2　塔式起重机的附着装置 ························ 132
　　3.2.1　附着装置的作用 ···························· 132
　　3.2.2　附着杆的安装 ······························ 133
　3.3　塔式起重机的稳定性 ·························· 134
　　3.3.1　塔式起重机使用的稳定性 ··················· 134
　　3.3.2　塔式起重机安装拆卸过程的稳定性 ··········· 135

4　塔式起重机的安全装置 ···························· 136
　4.1　安全装置的类型 ······························ 136
　　4.1.1　限位开关 ··································· 136
　　4.1.2　超载保护装置 ······························ 137

4.1.3 止挡保护装置 ································· 138
4.1.4 报警及显示记录装置 ······················· 139
4.2 安全装置的构造和工作原理 ······················· 140
4.2.1 起重量限制器 ································ 140
4.2.2 起重力矩限制器 ······························ 142
4.2.3 限位器 ·· 144
4.2.4 抗风防滑装置 ································ 149
4.2.5 风速仪 ·· 150
4.2.6 小车断绳保护装置 ··························· 151
4.2.7 小车断轴保护装置 ··························· 152
4.3 电气防护与安全防护设施 ······················· 153
4.3.1 电气防护 ······································ 153
4.3.2 安全防护装置与设施 ······················· 155

5 塔式起重机的安装与拆卸 ································ 156
5.1 塔式起重机安装与拆卸的管理 ··················· 156
5.1.1 塔式起重机的技术条件 ······················ 156
5.1.2 塔式起重机安装拆卸的基本要求 ············ 157
5.1.3 塔式起重机安装拆卸管理制度 ··············· 160
5.1.4 塔式起重机安装拆卸工操作规程 ············ 160
5.1.5 塔式起重机安装拆卸方案 ···················· 162
5.2 塔式起重机的安装 ································ 164
5.2.1 塔式起重机安装前的检查 ···················· 164
5.2.2 塔式起重机安装的一般程序 ················· 166
5.2.3 塔式起重机安装的技术要求 ················· 167
5.2.4 不同结构型式塔式起重机安装的区别 ······· 172
5.2.5 关键零部件的安装要求 ······················· 174
5.3 塔式起重机安全装置的调试 ······················· 177
5.3.1 超载保护装置的调试 ························ 177

5.3.2 限位装置的调试 ·················· 181
5.4 塔式起重机的检验 ················ 184
5.4.1 型式检验 ···················· 184
5.4.2 出厂检验 ···················· 184
5.4.3 安装检验 ···················· 184
5.4.4 塔式起重机性能试验的方法 ·········· 191
5.4.5 塔式起重机安全装置的试验方法 ······· 194
5.5 塔式起重机的拆卸 ················ 197
5.5.1 塔式起重机拆卸的一般程序 ·········· 197
5.5.2 拆卸作业中特别注意的事项 ·········· 198
5.6 常见塔式起重机的安装拆卸实例 ········ 199
5.6.1 FO/23B型塔式起重机的安装、顶升和拆卸程序 ··· 199
5.6.2 TC5610型塔式起重机安装、顶升拆和卸程序 ····· 213

6 塔式起重机维护保养和常见故障 ············ 231
6.1 塔式起重机的维护保养 ·············· 231
6.1.1 塔式起重机维护保养的意义 ·········· 231
6.1.2 塔式起重机维护保养的分类 ·········· 232
6.1.3 塔式起重机维护保养的内容 ·········· 232
6.2 塔式起重机常见故障的判断及处置 ········ 241
6.2.1 机械故障的判断及处置 ············ 242
6.2.2 电气故障的判断及处置 ············ 248

7 塔式起重机常见安装拆卸事故和案例 ········· 251
7.1 塔式起重机常见安装拆卸事故 ·········· 251
7.1.1 塔式起重机安装拆卸事故类型 ········· 251
7.1.2 塔式起重机安装拆卸事故原因 ········· 251
7.1.3 塔式起重机安装拆卸事故预防措施 ······ 252
7.2 塔式起重机安装拆卸事故案例 ·········· 253

7.2.1 违反操作程序顶升加节塔式起重机倒塌事故 ········· 253
7.2.2 违章纠偏塔式起重机倒塌事故 ················· 255
7.2.3 超过使用年限塔式起重机连接销轴脱落起重
臂坠落事故 ····························· 256
7.2.4 基础节断裂塔式起重机倾覆事故 ················ 257
7.2.5 违反平衡重安装程序塔式起重机倾翻事故 ········· 258

附录1 风力等级、风速与风压对照表 ················ 260

附录2 起重机 钢丝绳保养、维护、安装、检验和报废
(GB/T 5972—2009/ISO 4309:2004) ············ 261

附录3 起重吊运指挥信号（GB 5082—85） ············ 304

附录4 建筑起重机械安装拆卸工（塔式起重机）
安全技术考核大纲（试行） ··················· 329

附录5 建筑起重机械安装拆卸工（塔式起重机）
安全操作技能考核标准（试行） ················ 331

1 基础理论知识

1.1 力学基本知识

1.1.1 力的概念

力是一个物体对另一个物体的作用，它包括两个物体，一个受力物体，另一个施力物体，其结果是使物体的运动状态发生变化或使物体变形。力使物体运动状态发生变化的效应称为力的外效应，使物体产生变形的效应称为力的内效应。力的概念是人们在长期的生活和生产实践中逐步形成的。例如用手推小车，由于手臂肌肉的紧张而感觉到用了"力"，小车也受了"力"由静止开始运动；物体受地球引力作用而自由下落时，速度将愈来愈大；用汽锤锻打工件，工件受锻打冲击力作用发生变形等等。人们就从这样大量的实践中，由感性认识上升到理性认识，形成了力科学概念，即：力是物体间相互的机械作用，这种作用使物体的运动状态发生变化，也可使物体发生变形，因此力不能脱离实际物体而存在。

1.1.2 力的三要素

力作用在物体上，要使物体产生预想的效果，这种效果不但与力的大小有关,而且与力的方向和力的作用点有关。在力学中,把"力的大小、方向和作用点"称为力的三个要素。如图1-1所示,用手拉伸弹簧,用的力越大,弹簧拉得越长,这表明力产生的效果跟力的大小有关系;用同样大小的力拉弹簧和压弹簧,拉的时候弹簧伸长、压的时候弹簧缩短,说明力的作用效果跟力的作用方向有关系;如图1-2所示,用扳手拧螺母,手握在A点比B点省力,所以力的作用效果与力的方向和力的作用点有关,三要素中任何一个要素改变,都会使力的作用效果改变。力的大小表明物体间作用力的强弱程度;力的方向表明在该力的作用下,静止的物体开始运动的方向,作用力的方向不同,物体运动的方向也不同,力的作用点是物体上直接受力作用的点。力是矢量,具有大小和方向。

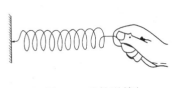

图 1-1 手拉弹簧

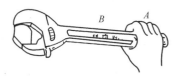

图 1-2 扳手拧螺母

1.1.3 力的单位

在国际计量单位制中,力的单位用牛顿或千牛顿,简写为牛(N)或千牛(kN)。工程上曾习惯采用公斤力、千克力(kgf)和吨力(tf)来表示。它们之间的换算关系为:

1 牛顿(N)= 0.102 公斤力(kgf)

1 吨力(tf)= 1000 公斤力(kgf)

1 千克力(kgf)= 1 公斤力(kgf)= 9.807 牛(N)≈10 牛(N)

1.1.4 力的性质

经过长期的实践，人们逐渐认识了关于力的许多规律，其中最基本的规律可归纳以下几个方面：

(1) 二力平衡原理

要使物体在两个力的作用下保持平衡的条件是：这两个力大小相等，方向相反，且作用在同一直线上。用矢量等式表示，即 $P_1 = -P_2$。

(2) 可传性

通过作用点，沿着力的方向引出的直线，称为力的作用线。在力的大小、方向不变的条件下，力的作用点的位置，可以在它的作用线上移动而不会影响力的作用效果，这就是力的可传递性。

(3) 作用力与反作用力

力是物体间的相互作用，因此它们必是成对出现的。一物体以一力作用于另一物体上时，另一物体必以一个大小相等、方向相反且在同一直线上的力作用在此物体上。如手拉弹簧，当手给弹簧一个力为 T，则弹簧给手的反作用力为 $-T$。T 和 $-T$ 大小相等，方向相反，且作用在同一直线上。作用力与反作用力分别作用在两个物体上，不能看成是两个平衡力而相互抵消。

1.1.5 力矩

人用扳手转动螺母，会感到加在扳手上的力越大，或者力的作用线离中心越远，就越容易转动螺母，如图 1-3 所示。力使扳手绕 O 点转动的效应，不仅与力（F）的大小成正比，而且与 O 点至力作用线的垂直距离（d）成正比。F 与 d 的乘积，称为力

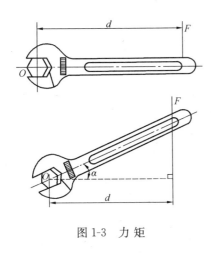

图 1-3 力矩

对 O 点的矩，简称力矩。

（1）合力矩。合力对于物体的作用效果等于力系中各分力对物体的作用效果的总和。力对物体的转动效果，取决于力矩。所以，合力对于平面内任意一点的力矩，等于各分力对同一点的力矩之和。这个关系称为合力矩定理，用数学表达式表示为：

$$m_o(F) = m_o(F_1) + m_o(F_2) + \cdots + m_o(F_n) = \Sigma m_o(F)$$

（2）力矩平衡。在日常生活中，常遇到力矩平衡的情况。如图 1-4 所示，以杆秤为例，不计杆秤自重，重物对转动中心 O 点的力矩大小为 P_a，秤砣对转动中心 O 点的力矩大小为 Q_b。力 P 对 O 点的矩与力 Q 对 O 点的矩必定大小相等，转向相反，使杆秤处于平衡情况，即 $Qb + Pa = 0$，各力对转动中心 O 点的矩的代数和等于零，即合力矩等于零。用公式表示为：

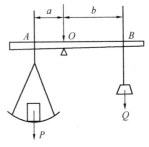

图 1-4 力矩平衡

$$m_o(F_1) + m_o(F_2) + \cdots + m_o(F_n) = \Sigma m_o(F) = 0$$

1.1.6 物体质量的计算

物体的质量是由物体的体积和它本身的材料密度所决定的，我们平常所说的物体的重量近似物体的质量，质量单位为千克

（公斤），单位符号 kg。为了正确计算物体的质量，必须掌握物体体积的计算方法和各种材料密度等有关知识。

（1）长度的计量单位

工程上常用的长度基本单位是毫米（mm）、厘米（cm）和米（m）。它们之间的换算关系是 1m＝100cm＝1000mm。

（2）面积的计算

物体体积的大小与它本身截面积的大小成正比。各种规则几何图形的面积计算公式见表 1-1。

平面几何图形面积计算公式表　　　表 1-1

名称	图形	面积计算公式
正方形	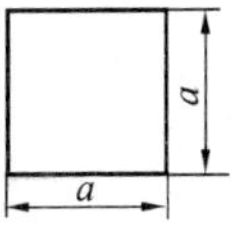	$S=a^2$
长方形	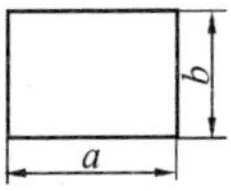	$S=ab$
平行四边形	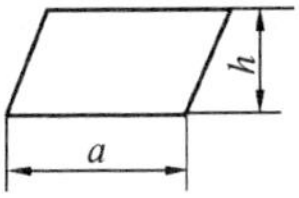	$S=ah$
三角形	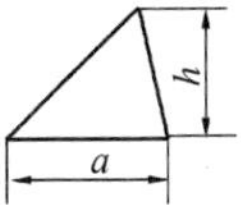	$S=\dfrac{1}{2}ah$
梯形	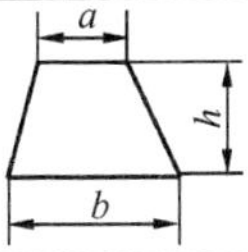	$S=\dfrac{(a+b)h}{2}$
圆形	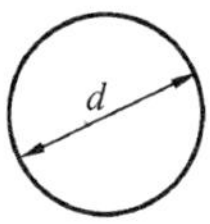	$S=\dfrac{\pi}{4}d^2$（或 $S=\pi R^2$） 式中　d——圆直径； 　　　R——圆半径

续表

名称	图形	面积计算公式
圆环形	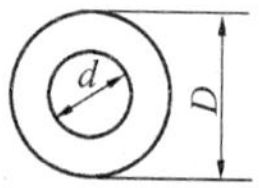	$S = \dfrac{\pi}{4}(D^2 - d^2) = \pi(R^2 - r^2)$ 式中 d、D——分别为内、外圆环直径； 　　　r、R——分别为内、外圆环半径
扇　形	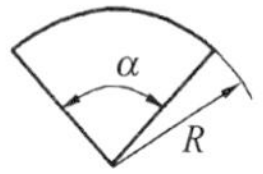	$S = \dfrac{\pi R^2 \alpha}{360}$ 式中　α——圆心角（°）

（3）物体体积的计算

物体的体积大体可分两类：即具有标准几何形体和由若干规则几何体组成的复杂形体两种。对于简单规则的几何形体的体积计算可直接由表1-2中的计算公式查取；对于复杂的物体体积，可将其分解成数个规则的或近似的几何形体，查表1-2按相应计算公式计算并求其体积的总和。

各种几何形体体积计算公式表　　表1-2

名称	图　形	公　式
立方体	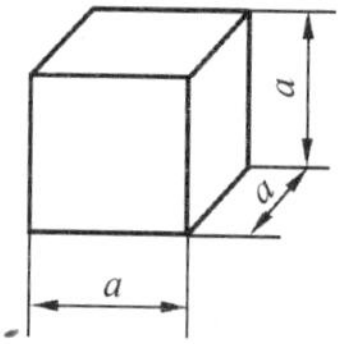	$V = a^3$
长方体	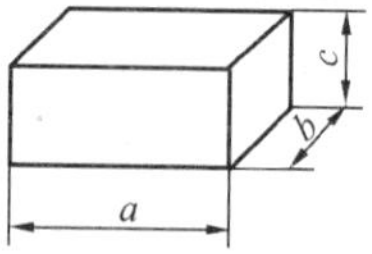	$V = abc$

续表

名称	图　形	公　式
圆柱体		$V = \dfrac{\pi}{4}d^2h = \pi R^2 h$ 式中　R——半径
空心圆柱体		$V = \dfrac{\pi}{4}(D^2 - d^2)h = \pi(R^2 - r^2)h$ 式中　r、R——内、外半径
斜截正圆柱体		$V = \dfrac{\pi}{4}d^2\dfrac{(h_1 + h)}{2} = \pi R^2 \dfrac{(h_1 + h)}{2}$ 式中　R——半径
球　体		$V = \dfrac{4}{3}\pi R^3 = \dfrac{1}{6}\pi d^3$ 式中　R——底圆半径； 　　　d——底圆直径
圆锥体		$V = \dfrac{1}{12}\pi d^2 h = \dfrac{\pi}{3}R^2 h$ 式中　R——底圆半径； 　　　d——底圆直径
三棱体		$V = \dfrac{1}{2}bhl$ 式中　b——边长； 　　　h——高； 　　　l——三棱体长

7

续表

名称	图 形	公 式
锥台		$V = \dfrac{h}{6} \times [(2a+a_1)b + (2a_1+a)b_1]$ 式中 a、a_1——上下边长； 　　　b、b_1——上下边宽； 　　　h——高
正六角棱柱体		$V = \dfrac{3\sqrt{3}}{2}b^2 h$ $V = 2.598 b^2 h = 2.6 b^2 h$ 式中 b——底边长

（4）物体质量的计算

计算物体质量时，离不开物体材料的密度，所谓密度是指由一种物质组成的物体的单位体积内所具有的质量，其单位是 kg/m³。各种常见物质的密度及每立方米的质量见表 1-3。

各种常见物质的密度及每立方米的质量表　　表 1-3

物体材料	密度 ($\times 10^3$ kg/m³)	每立方米体积的 质量（$\times 10^3$ kg）	物体材料	密度 ($\times 10^3$ kg/m³)	每立方米体积的 质量（$\times 10^3$ kg）
水	1.0	1.0	混凝土	2.4	2.4
钢	7.85	7.85	碎石	1.6	1.6
铸铁	7.2~7.5	7.2~7.5	水泥	0.9~1.6	0.9~1.6
铸铜、镍	8.6~8.9	8.6~8.9	砖	1.4~2.0	1.4~2.0
铝	2.7	2.7	煤	0.6~0.8	0.6~0.8
铅	11.34	11.34	焦炭	0.35~0.53	0.35~0.53
铁矿	1.5~2.5	1.5~2.5	石灰石	1.2~1.5	1.2~1.5
木材	0.5~0.7	0.5~0.7	造型砂	0.8~1.3	0.8~1.3

物体的质量可根据下式计算：

物体的质量＝物体的密度×物体的体积，见式（1-1）：

$$m = \rho V \tag{1-1}$$

式中 m——物体的质量（kg）；

ρ——物体的材料密度（kg/m³）；

V——物体的体积（m³）。

【例 1-1】 起重机的料斗，如图 1-5 所示，它的上口长为 1.2m，宽为 1m，下底面长 0.8m，宽为 0.5m，高为 1.5m，试计算满斗混凝土的质量。

【解】 查表 1-3 得知混凝土的密度：

$$\rho = 2.4 \times 10^3 \text{kg/m}^3$$

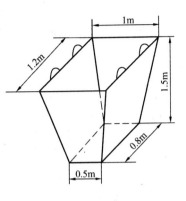

图 1-5 起重机的料斗

料斗的体积：

$$V = \frac{h}{6}[(2a+a_1)b + (2a_1+a)b_1]$$

$$= \frac{1.5}{6}[(2 \times 1.2 + 0.8) \times 1 + (2 \times 0.8 + 1.2) \times 0.5]$$

$$= 1.15 \text{m}^3$$

混凝土的质量：$m = \rho V = 2.4 \times 10^3 \times 1.15 = 2.76 \times 10^3 \text{kg}$

混凝土的重量：$G \approx mg = 2.76 \times 10^3 \times 10 \text{N} = 27.6 \text{kN}$

1.2 电工基础知识

1.2.1 基本概念

(1) 电流、电压和电阻

1）电流

在电路中电荷有规则的运动称为电流，在电路中能量的传输靠的是电流。

电流不但有方向，而且有大小；大小和方向不随时间变化的电流，称为直流电，用字母"DC"或"—"表示。大小和方向随时间变化的电流，称为交流电，用字母"AC"或"～"表示。

在日常工作中，用试电笔测量交流电时，试电笔氖管通身发亮，且亮度明亮；测直流电时，试电笔氖管一端发亮，且亮度较暗。

电流的大小称为电流强度，简称电流。电流强度的定义公式，见式（1-2）。

$$I = \frac{Q}{t} \tag{1-2}$$

式中　I——电流强度（A）；

　　　Q——通过导体某截面的电荷量（C）；

　　　t——电荷通过时间（s）。

电流（即电流强度）的基本单位是安培，简称安，用字母 A 表示，电流常用的单位还有 kA、mA、μA，换算关系为：

$$1kA = 10^3 A$$

$$1mA = 10^{-3} A$$

$$1\mu A = 10^{-6} A$$

测量电流强度的仪表叫电流表，又称安培表，分直流电流表和交流电流表两类。测量时必须将电流表串联在被测的电路中。每一个安培表都有一定的测量范围，所以在使用安培表时，应该先估算一下电流的大小，选择量程合适的电流表。

2）电压

电路中要有电流，必须要有电位差，有了电位差，电流才能从电路中的高电位点流向低电位点。电压是指电路中（或电场中）任意两点之间的电位差。

电压的基本单位是伏特，简称伏，用字母 V 表示，常用的单位还有千伏（kV）、毫伏（mV）等，换算关系为：

$$1kV = 10^3 V$$

$$1mV = 10^{-3} V$$

测量电压大小的仪表叫电压表，又称伏特表，分直流电压表和交流电压表两类。测量时，必须将电压表并联在被测量电路中，每个伏特表都有一定的测量范围（即量程）。使用时，必须注意所测的电压不得超过伏特表的量程。

电压按等级划分为高压、低压与安全电压。

高压：指电气设备对地电压在 250V 以上；

低压：指电气设备对地电压为 250V 以下；

安全电压有五个等级：42V、36V、24V、12V、6V。

（附注：为防止触电事故而采用的由特定电源供电的电压系列。这个电压系列的上限值，在任何情况下，两导体间或任一导体与地之间均不得超过交流（50～500Hz）有效值 50V，此电压称为安全电压。）

3）电阻

导体对电流的阻碍作用称为电阻。导体电阻是导体中客观存在的。在温度不变时导体的电阻和导体的长度成正比，和导体的横截面积成反比。

通常用 R 来表示导体的电阻，L 表示导体的长度，S 表示导体的横截面积。

上述关系见式（1-3）：

$$R = \rho \frac{L}{S} \qquad (1-3)$$

式中，ρ 是导体的材料决定的，而且与导体的温度有关，称为导体的电阻率。

电阻率的常用单位是 Ω·mm/m。

电阻的常用单位有欧（Ω）、千欧（kΩ）、兆欧（MΩ）。换算关系是：

$$1k\Omega = 10^3 \Omega$$

$$1M\Omega = 10^3 k\Omega = 10^6 \Omega$$

（2）电路

1) 电路的组成

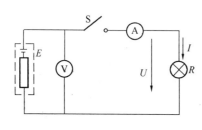

图 1-6 电路示意图

电路就是电流流通的路径，如日常生活中的照明电路、电动机电路等。电路一般由电源、负载、导线和控制器件四个基本部分组成，如图 1-6 所示。

①电源：将其他形式的能量转换为电能的装置，在电路中，电源产生电能，并维持电路中的电流。

②负载：将电能转换为其他形式能量的装置。

③导线：连接电源和负载的导体，为电流提供通道并传输电能。

④控制器件：在电路中起接通、断开、保护和测量等作用的装置。

2) 电路的类别

按照负载的连接方式，电路可分为串联电路和并联电路。电路中电流依次通过每一个组成元件的电路称为串联电路；所有负载（电源）的输入端和输出端分别被连接在一起的电路，称为并联电路。

按照电流的性质，分为交流电路和直流电路。电压和电流的大小及方向随时间变化的电路，叫交流电路；电压和电流的大小及方向不随时间变化的电路,叫直流电路。

3) 电路的状态

①通路:当电路的开关闭合,负载中有电流通过时称为通路,电路正常工作状态为通路。

②开路:即断路,指电路中开关打开或电路中某处断开时的状态,开路时电路中无电流通过。

③短路:电源两端的导线因某种事故未经过负载而直接连通时称为短路。短路时负载中无电流通过,流过导线的电流比正常工作时大几十倍甚至数百倍,短时间内就会使导线产生大量的热量,造成导线熔断或过热而引发火灾,短路是一种事故状态,应避免发生。

(3) 电功率和电能

1) 电功率

在导体的两端加上电压,导体内就产生了电流。电场力推动自由电子定向移动所做的功,通常称为电流所做的功或称为电功(W)。

电流在一段电路所作的功,与这段电路两端的电压 U、电路中的电流强度 I 和通电时间 t 成正比,关系式见式(1-4)。

$$W = UIt \quad (1\text{-}4)$$

在式(1-4)中,如果 U、I、t 的单位分别是伏特(V)、安培(A)、秒(s),则功的单位为焦耳(J)。

电流做功的过程实际上是电能转化为其他形式能的过程。例如电流通过电炉作功,电能转化为热能;电流通过电动机做功,电能转化为机械能。

单位时间内电流所作的功叫电功率,简称功率,用字母 P 表示,其单位为焦耳/秒(J/s),即:瓦特,简称瓦(W)。功率的计算公式见式(1-5):

$$P = \frac{W}{t} = UI = I^2R = \frac{U^2}{R} \qquad (1-5)$$

常用的电功率单位还有 kW、MW 和马力 HP,换算关系为:

1kW=10^3W;　　　1MW=10^6W;　　　1HP=736W

2)电能

电路的主要任务是进行电能的传送、分配和转换。

电能是指一段时间内电场所做的功,关系式见式(1-6)。

$$W = Pt \qquad (1-6)$$

电能的单位是千瓦·小时(kW·h),简称度。1度=1kW·h。

测量电功的仪表是电能表,又称电度表,它可以计量用电设备或电器在某一段时间内所消耗的电能。测量电功率的仪表是功率表,它可以测量用电设备或电气设备在某一工作瞬间的电功率大小。功率表又可以分为有功功率表(kW)和无功功率表(kvar)。

(4)交流电

所谓交流电是指大小和方向都随时间作周期性变化的电动势、电压或电流,平时用的交流电是随时间按正弦规律变化的,所以叫做正弦交流电,简称交流电,用"AC"或"~"表示。

我国工业上普遍采用频率为 50Hz 的正弦交流电,在日常生活中,人们接触较多的是单相交流电,而实际工作中,人们接触更多的是三相交流电。三个具有相同频率、相同振幅,但在相位上彼此相差 120°的正弦交流电压、电流或电动势,统称为三相交流电。

三相交流电习惯上称为 A/B/C 三相,按现行国家标准《人机界面标志标识的基本方法和安全规则》(GB/T 4026)规定,交流供电系统的电源 A、B、C 分别用 L_1、L_2、L_3 表示,其相色漆的颜色分别以黄色、绿色和红色表示。交流供电系统中电气设备按接线端子的 A 相、B 相、C 相则分别用 U、V、W 表示,如三相电动机三相绕组的首端和尾端分别为 U_1 和 U_2、V_1 和 V_2、W_1

和 W_2。

1.2.2 交流电动机

(1) 交流电动机的分类

交流电动机分为异步电动机和同步电动机。异步电动机又可分为单相电动机和三相电动机。单相异步电动机主要用于电扇、洗衣机、电冰箱、空调、排风扇、木工机械及小型电钻等。施工现场使用的施工升降机、塔式起重机的行走、变幅、起升、回转机构都采用三相异步电动机。

(2) 三相异步电动机的结构

三相异步电动机也叫三相感应电动机,主要由定子和转子两个基本部分组成。转子又可分为鼠笼式和绕线式两种。

1) 定子

定子主要由定子铁芯、定子绕组、机座和端盖等组成。

①定子铁芯

定子铁芯是异步电动机主磁通磁路的一部分,通常由导磁性能较好的 0.35~0.5mm 厚的硅钢片叠压而成。对于容量较大 (10kW 以上) 的电动机,在硅钢片两面涂以绝缘漆,作为片间绝缘之用。

②定子绕组

定子绕组是异步电动机的电路部分,由三相对称绕组按一定的空间角度依次嵌放在定子线槽内,其绕组有单层和双层两种基本形式。如图 1-7 所示。

③机座

机座的作用主要是固定定子铁芯并支承端盖和转子,中小型

图 1-7 三相电机的定子绕组

异步电动机一般都采用铸铁机座。

2）转子

转子部分由转子铁芯、转子绕组及转轴组成。

①转子铁芯，也是电动机主磁通磁路的一部分，一般也由0.35～0.5mm厚的硅钢片叠成，并固定在转轴上。转子铁芯外圆侧均匀分布着线槽，用以浇铸或嵌放转子绕组。

②转子绕组，按其形式分为鼠笼式和绕线式两种。

小容量鼠笼式电动机一般采用在转子铁芯槽内浇铸铝笼条，两端的端环将笼条短接起来，并浇铸冷却成风扇叶状。图1-8所示为鼠笼式电机的转子。

绕线式电动机是在转子铁芯线槽内嵌放对称三相绕组，如图1-9所示。三相绕组的一端接成星形，另一端接在固定在转轴上的滑环（集电环）上，通过电刷与变阻器连接。图1-10所示为三相绕线式电机的滑环结构。

图1-8　鼠笼式电机的转子

图1-9　绕线式电机的转子绕组

图1-10　三相绕线式电机的滑环结构

③转轴,其主要作用是支承转子和传递转矩。

(3) 三相异步电动机的铭牌

电动机出厂时,在机座上都有一块铭牌,上面标有该电机的型号、规格和有关数据。

1) 铭牌的标识

电机产品型号举例:$Y-132S_2-2$。

Y——表示异步电动机;

132——表示机座号,数据为轴心对底座平面的中心高(mm);

S——表示短机座(S:短;M:中;L:长);

$_2$——表示铁芯长度号;

2——表示电动机的极数。

2) 技术参数

①额定功率:电动机的额定功率也称额定容量,表示电动机在额定工作状态下运行时,轴上能输出的机械功率,单位为W或kW。

②额定电压:是指电动机额定运行时,外加于定子绕组上的线电压,单位为V或kV。

③额定电流:是指电动机在额定电压和额定输出功率时,定子绕组的线电流,单位为A。

④额定频率:额定频率是指电动机在额定运行时电源的频率,单位为Hz。

⑤额定转速:额定转速是指电动机在额定运行时的转速,单位为r/min。

⑥接线方法:表示电动机在额定电压下运行时,三相定子绕组的接线方式。目前电动机铭牌上给出的接法有两种,一种是额定电压为380V/220V,接法为Y/△;另一种是额定电压380V,接法为△。

⑦绝缘等级：电动机的绝缘等级，是指绕组所采用的绝缘材料的耐热等级，它表明电动机所允许的最高工作温度，见表1-4。

绝缘等级及允许最高工作温度　　　　表 1-4

绝缘等级	Y	A	E	B	F	H	C
最高工作温度（℃）	90	105	120	130	155	180	>180

（4）三相异步电动机的运行与维护

1）电动机启动前检查

①电动机上和附近有无杂物和人员；

②电动机所拖动的机械设备是否完好；

③大型电动机轴承和启动装置中油位是否正常；

④绕线式电动机的电刷与滑环接触是否紧密；

⑤转动电动机转子或其所拖动的机械设备，检查电动机和拖动的设备转动是否正常。

2）电动机运行中的监视与维护

①电动机的温升及发热情况；

②电动机的运行负荷电流值；

③电源电压的变化；

④三相电压和三相电流的不平衡度；

⑤电动机的振动情况；

⑥电动机运行的声音和气味；

⑦电动机的周围环境、适用条件；

⑧电刷是否冒火或有其他异常现象。

1.2.3　低压电器

低压电器在供配电系统中广泛用于电路、电动机、变压器等电气装置上，起着开关、保护、调节和控制的作用，按其功能分有开关电器、控制电器、保护电器、调节电器、主令电器和成套电器等，现主要介绍起重机械中常用的几种低压电器。

(1) 主令电器

主令电器是一种能向外发送指令的电器，主要有按钮、行程开关、万能转换开关和接近开关等。利用它们可以实现人对控制电器的操作或实现控制电路的顺序控制。

1) 控制按钮

按钮是一种靠外力操作接通或断开电路的电气元件，一般不能直接用来控制电气设备，只能发出指令，但可以实现远距离操作。一般按钮的结构如图 1-11.所示。

2) 行程开关

行程开关又称限位开关或终点开关，它不用人工操作，而是利用机械设备某些部件的碰撞来完成的，以控制自身的运动方向或行程大小的主令电器。行程开关是一种将机械信号转换为电信号来控制运动部件行程的开关元件，被广泛用于顺序控制器、运动方向、行程、零位、限位、安全及自动停止、自动往复等控制系统中。如图 1-12 所示为几种常见的行程开关。

图 1-11　常用按钮开关

图 1-12　常用行程开关

3) 万能转换开关

万能转换开关是一种多对触头、多个挡位的转换开关。主要由操作手柄、转轴、动触头及带号码牌的触头盒等构成。常用的转换开关有 LW2、LW4、LW5－15D、LW15－10、LWX2 等，塔式起重机在 QT30 以下的塔式起重机一般使用 LW5 型转换开关，如图 1-13 所示。

4）主令控制器

主令控制器（又称主令开关）主要用于电气传动装置中，按一定顺序分合触头，达到发布命令或其他控制线路联锁转换的目的。其中塔式起重机中的联动控制台就属于主令控制器，用来操作塔式起重机的回转、变幅、卷扬的动作，如图 1-14 所示。

图 1-13　万能转换开关

图 1-14　联合控制台

（2）空气断路器

低压空气断路器又称自动空气开关或空气开关，属开关电器，是用于当电路中发生过载、短路和欠压等不正常情况时，能自动分断电路的电器，也可用作不频繁地启动电动机或接通、分断电路，有万能式断路器、塑壳式断路器、微型断路器、漏电保护器等，图 1-15 所示为几种常用断路器。

图 1-15　常用断路器

漏电保护器是漏电电流动作保护的简称，它是空气断路器的一个重要分支，主要用于保护人身因漏电发生电击伤亡及防止因电气设备或线路漏电引起电气火灾事故。漏电保护器的动作电流值主要有 6mA、10mA、30mA、100mA、300mA、500mA、1A、2A、5A、10A、20A。安装在负荷端电器电路的漏电保护器，是考虑到漏电电流通过人体的影响，用于防止人为触电的漏电保护器，其动作电流不得大于 30mA，动作时间不得大于 0.1s。应用于潮湿场所的电器设备，应选用额定漏电动作电流不应大于 15mA，额定漏电动作时间不应大于 0.1s 的漏电保护器。

漏电保护器按结构和功能分为漏电开关、漏电断路器、漏电继电器、漏电保护插头、插座。漏电保护器按极数还可分为单极、二极、三极、四极等多种。

（3）接触器

接触器用途广泛，是电力拖动和控制系统中应用最为广泛的一种电器，它可以频繁操作，远距离接触、断开主电路和大容量控制电路，接触器可分为交流接触器和直流接触器两大类。

接触器主要由电磁系统、触头系统、灭弧装置等几部分组成。交流接触器的交流线圈的额定电压有 380V、220V、48V 等多种，如图 1-16 所示是常见的接触器。

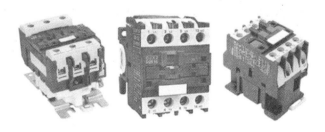

图 1-16 常见的接触器

（4）继电器

继电器是一种自动控制电器，在一定的输入参数下，它受输入端的影响而使输出参数有跳跃式的变化。常用的有中间继电器、热继电器、延时继电器、温度继电器等。如图1-17所示为几种常用的继电器。

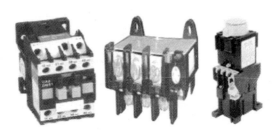

图1-17 常用继电器

1.3 机械基础知识

1.3.1 概述

(1) 机器

机器基本上都是由原动部分、传动部分和工作部分组成。原动部分是机器动力的来源。常用的原动机有电机、内燃机、空气压缩机等。工作部分是完成机器预定的动作,处于整个传动的终端,其结构形式主要取决于机器工作本身的用途。机器一般有以下三个共同的特征:

1) 机器是由许多的部件组合而成的。

2) 机器中的构件之间具有确定的相对运动。

3) 机器能完成有用的机械功或者实现能量转换。例如:运输机能改变物体的空间位置,电动机能把电能转换成机械能等。

(2) 机构

机构与机器有所不同，机构具有机器的前两个特征，而没有最后一个特征。通常把这些具有确定相对运动构件的组合称为机构。所以机构和机器的区别是机构的主要功用在于传递或转变运动的形式，而机器的主要功用是为了利用机械能做功或能量转换。

由上述可知，机械是机构和机器的总称。

（3）运动副

使两物体直接接触而又能产生一定相对运动的连接，称为运动副，如图1-18所示。根据运动副中两构件接触形式不同，运动副可分为低副和高副。

1）低副：低副是指两构件之间作面接触的运动副。按两构件的相对运动情况，可分为：

①转动副：两构件在接触处只允许作相对转动，如图1-18(a)所示。

②移动副：两构件在接触处只允许作相对移动，如图1-18(b)所示。

③螺旋副：两构件在接触处只允许作一定关系的转动和移动

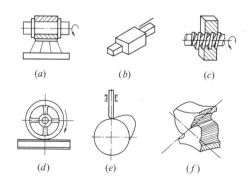

图 1-18 运动副

(a) 转动副；(b) 移动副；(c) 螺旋副；(d)、(e)、(f) 高副

的复合运动。如由丝杠与螺母组成的运动副。

2）高副：高副是两构件之间作点或线接触的运动副。如图 1-18（d）～图 1-18（f）所示的滚轮与轨道、凸轮与推杆及轮齿与轮齿之间的接触均为常用高副。

1.3.2 齿轮传动

齿轮传动在建筑机械中应用很广，如塔式起重机、施工升降机、混凝土搅拌机、钢筋切断机、卷扬机等都采用齿轮传动。

(1) 齿轮传动的特点

1) 齿轮传动之所以得到广泛应用，是因为它具有以下优点：

①传动效率高，一般为 95%～98%，最高可达 99%。

②结构紧凑、体积小，与带传动相比，外形尺寸大大减小，它的小齿轮与轴做成一体时直径只有 50mm 左右。

③工作可靠，使用寿命长。

④传动比固定不变，传递运动准确可靠。

⑤能实现平行轴间、相交轴间及空间相错轴间的多种传动。

2) 齿轮传动的缺点：

①制造齿轮需要专门的机床、刀具和量具，工艺要求较严，对制造的精度要求高，因此成本较高。

②齿轮传动一般不宜承受剧烈的冲击和过载。

③不宜用于中心距较大的场合。

(2) 齿轮传动的分类

齿轮传动种类很多，可以按不同的方法进行分类：

1) 按两齿轮轴线的相对位置，可分为两轴平行、两轴相交和两轴交错三类，见表 1-5。其中齿轮齿条传动在施工升降机中得到广泛应用。

常用齿轮传动的分类　　　　表1-5

啮合类别		图　例	说　明
两轴平行	外啮合直齿圆柱齿轮传动		1. 轮齿与齿轮轴线平行； 2. 传动时，两轴回转方向相反； 3. 制造最简单； 4. 速度较高时容易引启动载荷与噪声； 5. 对标准直齿圆柱齿轮传动，一般采用的圆周速度为2～3m/s
	外啮合斜齿圆柱齿轮传动		1. 轮齿与齿轮轴线倾斜成某一角度； 2. 相啮合的两齿轮的齿轮倾斜方向相反，倾斜角大小相同； 3. 传动平稳，噪声小； 4. 工作中会产生轴向力，轮齿倾斜角越大，轴向力越大； 5. 适用于圆周速度较高（$v>$2～3m/s）的场合
	人字齿轮传动		1. 轮齿左右倾斜、方向相反，呈"人"字形，可以消除斜齿轮单向倾斜而产生的轴向力； 2. 制造成本高
	内啮合圆柱齿轮传动		1. 它是外啮轮传动的演变形式，大轮的齿分布在圆柱体内表面，成为内齿轮； 2. 大小齿轮的回转方向相同； 3. 轮齿可制成直齿，也可制成斜齿。当制成斜齿时，两轮齿倾斜方向相同，倾斜角大小相等
	齿轮齿条传动		1. 这种传动相当于大齿轮直径为无穷大的外啮合圆柱齿轮传动； 2. 齿轮作旋转运动，齿条作直线运动； 3. 轮齿一般是直齿，也有制成斜齿的

续表

啮合类别		图例	说明
两轴相交	直齿锥齿轮传动		1. 轮齿排列在圆锥体表面上，其方向与圆锥的母线一致； 2. 一般用在两轴线相交成90°，圆周速度小于2m/s的场合
	曲齿锥齿轮传动		1. 轮齿是弯曲的，同时啮合的齿数比直齿圆锥齿轮多，啮合过程不易产生冲击，传动较平稳，承载能力较高，在高速和大功率的传动中广泛应用； 2. 设计加工比较困难，需要专用机床加工，轴向推力较大
两轴交错	螺旋齿轮传动		1. 单个齿轮为斜齿圆柱齿轮。当交错轴间夹角为0°时，即成为外啮合斜齿圆柱齿轮传动； 2. 相应地改变两个斜齿轮的螺旋角，即可组成轴间夹角为任意值（0°～90°）的螺旋齿轮传动； 3. 螺旋齿轮传动承载能力较小，且磨损较严重

2) 按润滑方式不同，可分为开式、半开式和闭式三种：

①开式齿轮传动的齿轮外露，容易受到尘土侵入，润滑不良，轮齿容易磨损，多用于低速传动和要求不高的场合。

②半开式齿轮传动装有简易防护罩，有时还浸入油池中，这样可较好地防止灰尘侵入。由于磨损仍比较严重，所以一般只用于低速传动的场合。

③闭式齿轮传动是将齿轮安装在刚性良好的密闭壳体内，并将齿轮浸入一定深度的润滑油中，以保证有良好的工作条件，适用于中速及高速传动的场合。

（3）齿轮传动的失效形式

齿轮传动由于某种原因不能正常工作时，称为失效。常见的齿轮传动失效形式为齿面损坏和齿根折断两类。其中齿面损坏主要有以下三种形式：齿面磨损、齿面点蚀和齿面胶合。施工升降机的齿轮齿条传动由于润滑条件差，灰尘脏物等研磨性微粒易落在齿面上，轮齿磨损快，且齿根产生的弯曲应力大，因此，齿面磨损和齿根折断是施工升降机齿轮齿条传动的失效形式。

1.3.3 蜗杆传动

蜗杆传动是一种常用的大传动比机械传动，广泛应用于机床、仪器、起重运输机械及建筑机械中。

如图 1-19 所示，蜗杆传动由蜗杆和蜗轮组成，传递两交错轴之间的运动和动力，一般以蜗杆为主动件，蜗轮为从动件。通常，工程中所用的蜗杆是阿基米德蜗杆，它的外形很像一根具有梯形螺纹的螺杆，其轴向截面类似于直线齿廓的齿条。蜗杆有左旋、右旋之分，一般为右旋。

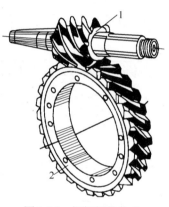

图 1-19 蜗杆蜗轮传动
1—蜗杆；2—蜗轮

蜗杆传动的主要特点是工作平稳、噪声小，蜗杆螺旋角小时可具有自锁作用。但传动效率低、价格比较昂贵。

1.3.4 键销连接

(1) 键连接

键连接是由零件的轮毂、轴和键组成，在各种机器上有很多转动零件，如齿轮、带轮、蜗轮、凸轮等，这些轮毂和轴大多数采用平键连接或花键连接。键连接是一种应用很广泛的可拆连接，主要用于轴与轴上零件的周向相对固定，以传递运动或转矩。

1）平键连接

平键连接装配时先将键放入轴的键槽中，然后推上零件的轮毂，构成平键连接。如图 1-20 所示，平键连接时，键的上顶面与轮毂键槽的底面之间留有间隙，而键的两侧面与轴、轮毂键槽的侧面配合紧密，工作时依靠键和键槽侧面的挤压来传递运动和转矩，因此平键的侧面为工作面。

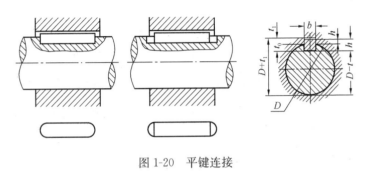

图 1-20 平键连接

键连接由于结构简单、装拆方便和对中性好，因此获得广泛应用。

2）花键连接

在使用一个平键不能满足轴所传递的扭矩的要求时，可采用花键连接。花键连接由花键轴与花键套构成，如图 1-21 所示，常用传递大扭矩、要求有良好的导向性和对中性的场合。花键的齿形有矩形、三角形及渐开线齿形三种，矩形键加工方便，应用较广。

3）半圆键连接

半圆键的上表面为平面，下表面为半圆形弧面，两侧面互相平行。半圆键连接也是靠两侧工作面传递转矩的，如图 1-22 所示。

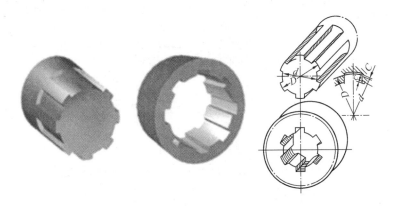

图 1-21 花键连接

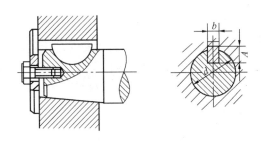

图 1-22 半圆键连接

其特点能自动适应零件轮毂槽底的倾斜,使键受力均匀。主要用于轴端传递转矩不大的场合。

(2) 销连接

销连接用来固定零件间的相互位置,构成可拆连接,也可用于轴和轮毂或其他零件的连接以传递较小的载荷;有时还用作安全装置中的过载剪切元件。

销是标准件,其基本形式有圆柱销和圆锥销两种。圆柱销连接不宜经常装拆,否则会降低定位精度或连接的紧固性,如图 1-23 所示。

圆锥销有 1∶50 的锥度,小头直径为标准值。圆锥销易于安

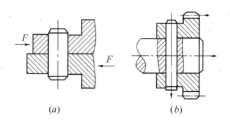

图 1-23 圆柱销

装,定位精度高于圆柱销,如图 1-24 所示。圆柱销和圆锥销孔均需铰制。铰制的圆柱销孔直径有四种不同配合精度,可根据使用要求选择。

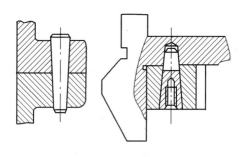

图 1-24 圆锥销

销的类型按工作要求选择。用于连接的销,可根据连接的结构特点按经验确定直径,必要时再作强度校核;定位销一般不受载荷或受很小载荷,其直径按结构确定,数目不得少于两个;安全销直径按销的剪切强度进行计算。

1.3.5 轴

轴是组成机器中的最基本的和主要的零件,一切作旋转运动的传动零件,都必须安装在轴上才能实现旋转和传递动力。

(1) 常用轴的种类和应用特点

1)按照轴的轴线形状不同,可以把轴分为曲轴[图1-25(a)]和直轴[图1-25(b)、(c)]两大类。曲轴可以将旋转运动改变为往复直线运动或者作相反的运动转换。直轴应用最为广泛,直轴按照其外形不同,可分为光轴[图1-25(b)]和阶梯轴[图1-25(c)]两种。

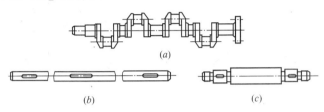

图1-25 轴
(a)曲轴;(b)光轴;(c)阶梯轴

2)按照轴的所受载荷不同,可将轴分为心轴、转轴和传动轴三类。

①心轴:通常指只承受弯矩而不承受转矩的轴。如自行车前轴。

②转轴:既受弯矩又受转矩的轴。转轴在各种机器中最为常见。

③传动轴:只受转矩不受弯矩或受很小弯矩的轴。车床上的光轴、连接汽车发动机输出轴和后桥的轴,均是传动轴。

(2)轴的结构

轴主要由轴颈、轴头、轴身和轴肩、轴环构成,如图1-26所示。

1)轴颈,是指轴颈与轴承配合的轴段。轴颈的直径应符合轴承的内径系列。

2)轴头,是指支撑传动零件的轴段。轴头的直径必须与相配合零件的轮毂内径一致,并符合轴的标准直径系列。

3)轴身,是指连接轴颈和轴头的轴段。

4）轴肩和轴环是阶梯轴上截面变化之处。

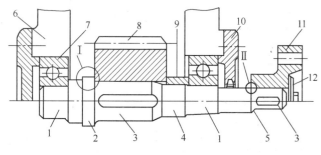

图 1-26 轴的结构

1—轴颈；2—轴环；3—轴头；4—轴身；5—轴肩；6—轴承座；7—滚动轴承；8—齿轮；9—套筒；10—轴承盖；11—联轴器；12—轴端挡阻

1.3.6 轴承

（1）轴承的功用和类型

1）轴承功用。轴承是机器中用来支承轴和轴上零件的重要零部件，它能保证轴的旋转精度、减小转动时轴与支承间的摩擦和磨损。

2）轴承的类型和特点。根据工作时摩擦性质不同，轴承可分为滑动轴承和滚动轴承；按所受载荷方向不同，可分为向心轴承、推力轴承和向心推力轴承。

滚动轴承具有摩擦力矩小，易启动，载荷、转速及工作温度的适用范围较广，轴向尺寸小，润滑维修方便等优点，滚动轴承已标准化，在机械中应用非常广泛。

（2）滑动轴承

滑动轴承一般由轴承座、轴瓦（或轴套）、润滑装置和密封装置等部分组成，如图 1-27 所示。

根据轴承所受载荷方向不同，可分为向心滑动轴承、推力滑动轴承和向心推力滑动轴承。

(3) 滚动轴承

滚动轴承由内圈1、外圈2、滚动体3和保持架4组成。如图1-28所示,一般内圈装在轴颈上,外圈装在轴承座孔内。内外圈上设置有滚道,当内外圈相对旋转时,滚动体沿着滚道滚动。滚动体是滚动轴承的主体,常见形状有球形和滚子形(圆柱形滚子、圆锥形滚子、鼓形滚子等)。保持架的作用是分隔开两个相邻的滚动体,以减少滚动体之间的碰撞和磨损。按滚动体形状不同,滚动轴承可分为球轴承[图1-28(a)]和滚子轴承[图1-28(b)]两大类。若按轴承载荷的类型不同可分为三大类:主要承受径向载荷的轴承称为向心轴承;只能承受轴向载荷的轴承称为推力轴承;能同时承受径向和轴向载荷的轴承称为向心推力轴承。

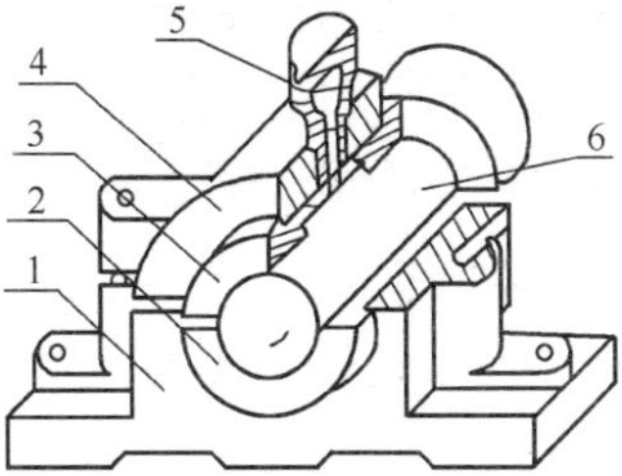

图1-27 滑动轴承
1—轴承座;2、3—轴瓦;4—轴承盖;5—润滑装置;6—轴颈

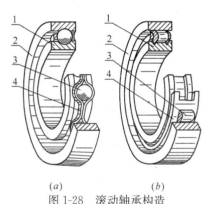

图1-28 滚动轴承构造
(a) 球轴承;(b) 滚子轴承
1—内圈;2—外圈;3—滚动体;4—保持架

滚动轴承与滑动轴承相比,有以下优点:

1) 滚动轴承的摩擦阻力小,因此功率损耗小,机械效率高,发热少,不需要大量的润滑油来散热,易于维护和启动。

2) 常用的滚动轴承已标准化,可直接选用,而滑动轴承一般均需自制。

3) 对于同样大的轴颈，滚动轴承的宽度比滑动轴承小，可使机器的轴向结构紧凑。

4) 有些滚动轴承可同时承受径向和轴向两种载荷，这就简化了轴承的组合结构。

5) 滚动轴承不需用有色金属，对轴的材料和热处理要求不高。

滚动轴承也存在一些缺点，主要有：

①承受冲击载荷的能力较差；

②运转不够平稳，有轻微的振动；

③不能剖分装配，只能轴向整体装配；

④径向尺寸比滑动轴承大。

1.3.7 联轴器

联轴器用于轴与轴之间的连接，按性能可分为刚性联轴器和弹性联轴器两大类。

(1) 刚性联轴器

刚性联轴器是通过若干刚性零件将两轴连接在一起，可分为固定式（图1-29）和可移式（图1-30）两种。固定式刚性联轴器，虽然不具有补偿性能，但有结构简单、制造容易、不需维护、成本低等特点，仍有其应用范围。可移式刚性联轴器具有补偿两轴相对位移的能力。

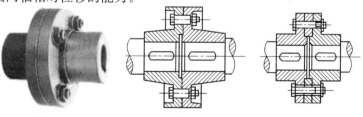

图1-29　固定式联轴器

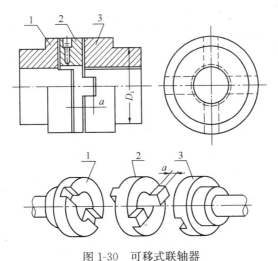

图 1-30　可移式联轴器

1—半联轴器；2—滑块；3—半联轴器

（2）弹性联轴器

弹性联轴器种类繁多，它具有缓冲吸振，可补偿较大的轴向位移，微量的径向位移和角位移的特点，用在正反向变化多、启动频繁的高速轴上。如图 1-31 所示，它是一种常见的弹性联轴器。

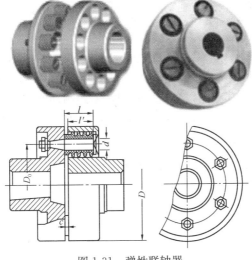

图 1-31　弹性联轴器

1.3.8 制动器

制动器是用于机构或机器减速或使其停止的装置,是各类起重机械不可缺少的组成部分,它既是起重机的控制装置,又是安全装置。其工作原理是:制动器摩擦副中的一组与固定机架相连;另一组与机构转动轴相连。当摩擦副接触压紧时,产生制动作用;当摩擦副分离时,制动作用解除,机构可以运动。

(1) 制动器的分类

1) 根据构造不同,制动器可分为以下三类:

①带式制动器。制动钢带在径向环抱制动轮而产生制动力矩。

②块式制动器。两个对称布置的制动瓦块,在径向抱紧制动轮而产生制动力矩。

③盘式与锥式制动器。带有摩擦衬料的盘式和锥式金属盘,在轴向互相贴紧而产生制动力矩。

2) 按工作状态,制动器一般可分为常闭式制动器和常开式制动器。

①常闭式制动器。在机构处于非工作状态时,制动器处于闭合制动状态;在机构工作时,操纵机构先行自动松开制动器。塔式起重机的起升和变幅机构均采用常闭式制动器。

②常开式制动器。制动器平常处于松开状态,需要制动时通过机械或液压机构来完成。塔式起重机的回转机构采用常开式制动器。

建筑机械最常用的是液压推杆制动器(图1-32)和电磁制动器(图1-33)。无论是液压推杆制动器还是电磁制动器,其原理基本相近,采用弹簧上闸,而松闸装置液压电磁推杆则布置在制动器的旁侧,通过杠杆系统与制动臂联系而实现松闸。

 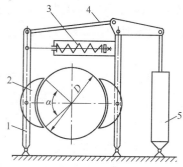

图 1-32 液压推杆制动器

1—制动臂；2—制动瓦块；3—上闸弹簧；4—杠杆；5—液压电磁推杆松闸器

（2）制动器的报废

制动器的零件有下列情况之一的，应予报废：

1）可见裂纹；

2）制动块摩擦衬垫磨损量达原厚度的50%；

3）制动轮表面磨损量达1.5～2mm；

图 1-33 电磁制动器

4）弹簧出现塑性变形；

5）电磁铁杠杆系统空行程超过其额定行程的10%。

1.4 液压传动基础知识

1.4.1 液压传动的基本原理及其组成

（1）液压传动的基本原理：液压系统利用液压泵将原动机的

37

机械能转换为液体的压力能,通过液体压力能的变化来传递能量,经过各种控制阀和管路的传递,借助于液压执行元件(液压缸或液压马达)把液体压力能转换为机械能,从而驱动工作机构,实现直线往复运动或回转运动。其中的液体称为工作介质,一般为矿物油,它的作用和机械传动中的皮带、链条和齿轮等传动元件相类似。

(2) 液压传动系统的组成

1) 动力元件,它供给液压系统压力,并将原动机输出的机械能转换为油液的压力能,从而推动整个液压系统工作,最常用的是液压泵,它给液压系统提供压力。

2) 执行元件,把液压能转换成机械能的装置即液压缸,以驱动工作部件运动。最常用的是液压缸或液压马达。

3) 控制元件,包括各种阀类,如压力阀、流量阀和方向阀等,用来控制液压系统的液体压力、流量(流速)和方向,以保证执行元件完成预期的工作运动。

4) 辅助元件,指各种管接头、油管、油箱、过滤器和压力计等,起连接、储油、过滤和测量油压等辅助作用,以保证液压系统可靠、稳定、持久地工作。

5) 工作介质,指在液压系统中,承受压力并传递压力的油液,一般为矿物油,统称为液压油。

1.4.2 液压系统主要元件

(1) 液压泵

液压泵一般有齿轮泵、叶片泵和柱塞泵等几个种类。其中柱塞泵是靠柱塞在液压缸中往复运动造成容积变化来完成吸油与压油的。轴向柱塞泵是柱塞中心线互相平行于缸体轴线的一种泵,有斜盘式和斜轴式两类。斜盘式的缸体与传动轴在同一轴线,斜盘与传动轴成一倾斜角,它可以是缸体转动,也可以是斜盘转动,如图1-34(a)所示。斜轴式的则为缸体相对传动轴轴线成一倾斜角。轴向柱塞泵具有结构紧凑,径向尺寸小,惯性小,容积效率高,压力高等优点,然而轴向尺寸大,结构也比较复杂,如图1-34(b)所示。轴向柱塞泵在高工作压力的设备中应用很广。

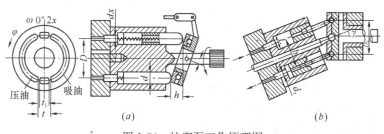

图 1-34 柱塞泵工作原理图
(a)斜盘式;(b)斜轴式

(2)液压缸

液压缸一般用于实现往复直线运动或摆动,将液压能转换为机械能,是液压系统中的执行元件。

(3)液压马达

液压马达也是将压力能转换成机械能的转换装置。与液压油缸不同的是液压马达是以转动的形式输出机械能。液压马达有齿轮式、叶片式和柱塞式之分。

液压马达和液压泵从原理上讲,它们是可逆的。当电动机带动其转动时由其输出压力能(压力和流量),即为液压泵;反之,当压力油输入其中,由其输出机械能(转矩和转速),即是液压马达。

(4)控制元件

1)双向液压锁

双向液压锁广泛应用于工程机械及各种液压装置的保压油路中,双向液压锁是一种防止过载和液力冲击的安全溢流阀,安装

39

在液压缸上端部,如图1-35所示。液压锁主要为了防止油管破损等原因导致系统压力急速下降,锁定液压缸,防止事故发生。

图1-35 双向液压锁

2)溢流阀

溢流阀是一种液压压力控制阀,通过阀口的溢流,使被控制系统压力维持恒定,实现稳压、调压或限压作用。它依靠弹簧力和油的压力的平衡来实现液压泵供油压力的调节。

图1-36 先导式减压阀

3)减压阀

减压阀是一种利用液流流过缝隙产生压降的原理,使出口油压低于进口油压的压力控制阀,以满足执行机构的需要,如图1-36所示。减压阀有直动式和先导式两种,一般采用先导式。

4)顺序阀

顺序阀是用来控制液压系统中两个或两个以上工作机构的先后顺序。顺序阀串联于油路上,它是利用系统中的压力变化来控制油路通断的。顺序阀分为直动式和先导式,如图1-37所示,又可分为内控式和外控式,压力也有高低压之分。应用较广的是直动式。

5)换向阀

换向阀是借助于阀芯与阀体之间的相对运动来改变油液流动

方向的阀类。按阀芯相对于阀体的运动方式不同,换向阀可分为滑阀(阀芯移动)和转阀(阀芯转动)。按阀体连通的主要油路数不同,换向阀可分为二通、三通、四通等;按阀芯在阀体内的工作位置数不同,换向阀可分为二位、三位、四位等;按操作方式不同,换向阀可分为手动、机动、电磁动、液动、电液动等,如图1-38所示。换向阀阀芯定位方式分为钢球定位和弹簧复位两种。

图1-37 先导式顺序阀

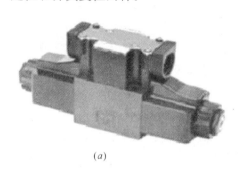

图1-38 换向阀
(a)电磁式换向阀;(b)手动式换向阀

三位四通阀工作原理:

如图1-39所示,阀芯有三个工作位置(左、中、右称为三位),阀体上有四个通路O、A、B、P称为四通(P为进油口,O为回油口,A、B为通往执行元件两端的油口),此阀称为三位四通阀。当阀芯处于中位时[图1-39(a)],各通道均堵住。液压缸两腔既不能进油,又不能回油,此时活塞锁住不动。当阀芯处于右位时[图1-39(b)],压力油从P口流入,A口流出;

回油从 B 口流入，O 口流回油箱。当阀芯处于左位时［图1-39 (c)］，压力油从 P 口流入，B 口流出；回油由 A 口流入，O 口流回油箱。［图1-39 (d)］为三位四通阀的图形符号。

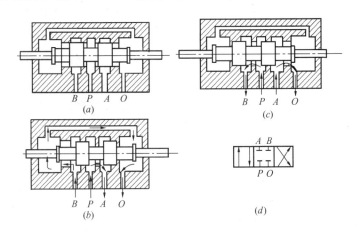

图1-39 三位四通阀工作原理图
(a) 滑阀处于中位；(b) 滑阀移于右位；(c) 滑阀移于左位；(d) 图形符号

图1-40 节流阀

6）流量控制阀

流量控制阀是通过改变液流的通流截面来控制系统工作流量，以改变执行元件运动速度的阀，简称流量阀。常用的流量阀有节流阀（图1-40）和调速阀等。

（5）液压辅件

1）油管和管接头

①油管。油管的作用是连接液压元件和输送液压油。在液压系统中常用的油管有钢管、铜管、塑料管、尼龙管和橡胶软管，可根据具体用途进行选择。

②管接头。管接头用于油管与油管、油管与液压件之间的连

接。管接头按通路数可分为直通、直角、三通等形式，按接头连接方式可分为焊接式、卡套式、管端扩口式和扣压式等形式。按连接油管的材质可分为钢管管接头、金属软管管接头和胶管管接头等。我国已有管接头标准，使用时可根据具体情况，选择使用。

2）油箱

油箱主要功能是储油、散热及分离油液中的空气和杂质。油箱的结构如图1-41所示，形状根据主机总体布置而定。它通常用钢板焊接而成，吸油侧和回油侧之间有两个隔板7和9，将两区分开，以改善散热并使杂质多沉淀在回油管一侧。吸油管1和回油管4应尽量远离，但距箱边应大于管径的三倍。加油用滤网2设在回油管一侧的上部，兼起过滤空气的作用。盖上面装有通气罩3。为便于放油，油箱底面有适当的斜度，并设有放油塞8，油箱侧面设有油标6，以观察油面高度。当需要彻底清洗油箱时，可将箱盖5卸开。

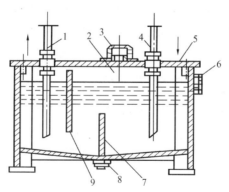

图1-41 油箱结构示意图

1—吸油管；2—加油孔；3—通气罩；4—回油管
5—箱盖；6—油标；7、9—隔板；8—放油塞

油箱容积主要根据散热要求来确定，同时还必须考虑机械在停止工作时系统油液在自重作用下能全部返回油箱。

3）滤油器

滤油器的作用是分离油中的杂质，使系统中的液压油经常保持清洁，以提高系统工作的可靠性和液压元件的寿命，如图1-42所示。液压系统中的所有故障80％左右是因污染的油液引起的，因此液压系统所用的油液必须经过过滤，并在使用过程中要保持油液清洁。油液的过滤一般都先经过沉淀，然后经滤油器过滤。

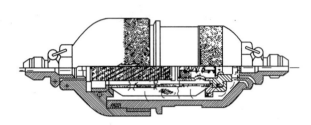

图1-42 滤油器

滤油器按过滤情况可分为粗滤油器、普通滤油器、精滤油器和特精滤油器。按结构可分为网式、线隙式、烧结式、纸芯式和磁性滤油器等形式。滤油器可以安装在液压泵的吸油口、出油口以及重要元件的前面。通常情况下，泵的吸油口装粗滤油器，泵的出油口和重要元件前装精滤油器。

滤油器的基本要求是过滤精度（滤油器滤芯滤去杂质的粒度大小）满足设计要求；过滤能力（即一定压降下允许通过滤油器的最大流量）满足设计要求；滤油器应有一定的机械强度，不会因液压力作用而破坏；滤芯抗腐蚀能力强，并能在一定的温度范围内持久工作。滤芯要便于清洗和更换，便于装拆和维护。

1.4.3 液压油

液压油是液压系统的工作介质，也是液压元件的润滑剂和冷却剂。液压油的性质对液压传动性能有明显的影响。因此在选用液压油时应注意液压油的黏度随温度变化的性能、抗磨损性、抗氧化安定性、抗乳化性、抗剪切安定性、抗泡沫性、抗燃性、抗橡胶溶胀性、防锈性等。

液压油的性质的不同,其价格也相差很大。在选择液压油时应根据设备说明书的规定并结合使用环境选用合适的液压油,既要适用又不至于浪费。

1.4.4 液压系统的维护保养

油箱在第一次加满油后,经开机运转应向油箱内进行二次加油,并使液压油至油位观察窗上限,以确保油箱内有足够的油液循环。

在使用过程中由于液压油氧化变质,各种理化性能下降。因此,应及时更换液压油。

其换油周期可按以下几种方法确定。

(1) 综合分析测定法。依靠化验仪器定期取样测定主要理化性能指标,连续监控油的变质状况。

(2) 固定周期换油法。是指按液压系统累计运转小时数换油。通常按使用说明书要求的周期进行更换。

(3) 经验判断法。通过采集油样与新油相比进行外观检查,观看油液有无颜色、水分、沉淀、泡沫、异味、黏度等差异,综合各类情况做出外观判断与处理。当液压油变成乳白色,或混入空气或水,应分离水气或换油;当液压油中有小黑点,或发现混入杂质、金属粉末,应过滤或换油;当液压油变成黑褐色,或有臭味、氧化变质,应全部换油。

1.5 钢结构基础知识

1.5.1 钢结构的特点

钢结构是由钢板、热轧型钢、薄壁型钢和钢管等构件通过焊接、铆接和螺栓、销轴等形式连接而成的能承受和传递荷载的结构形式,是建筑起重机械的重要组成部分。钢结构与其他结构相比,具有以下特点:

(1) 坚固耐用、安全可靠。钢结构具有足够的强度、刚度和稳定性以及良好的机械性能。

(2) 自重小、结构轻巧。钢结构具有体积小、厚度薄、重量轻的特点,便于运输和装拆。

(3) 材质均匀。钢材内部组织比较均匀,力学性能接近各向同性,计算结果比较可靠。

(4) 韧性较好,适应在动力载荷下工作。

(5) 易加工。钢结构所用材料以型钢和钢板为主,加工制作简便,准确度和精密度都较高。

但钢结构与其他结构相比,也存在抗腐蚀性能和耐火性能较差,以及在低温条件下易发生脆性断裂等缺点。

1.5.2 钢结构的材料

(1) 钢结构所使用的钢材应当具有较高的强度,塑性、韧性和耐久性好,焊接性能优良,易于加工制造,抗锈性好等。

(2) 钢结构所采用的材料一般为 Q235 钢、Q345 钢。

普通碳素钢 Q235 系列钢，强度、塑性、韧性及可焊性都比较好，是建筑起重机械使用的主要钢材。

低合金钢 Q345 系列钢，是在普通碳素钢中加入少量的合金元素炼成的。其力学性能好，强度高，对低温的敏感性不高，耐腐蚀性能较强，焊接性能也好，用于受力较大的结构中可节省钢材，减轻结构自重。

（3）钢材的规格

型钢和钢板是制造钢结构的主要钢材。钢材有热轧成型及冷轧成型两类。热轧成型的钢材主要有型钢及钢板，冷轧成型的有薄壁型钢及钢管。

按照国家标准规定，型钢和钢板均具有相关的断面形状和尺寸。

1）热轧钢板

厚钢板，厚度 4.5～60mm，宽度 600～3000mm，长4～12m；

薄钢板，厚度 0.35～4.0mm，宽度 500～1500mm，长1～6m；

扁钢，厚度 4.0～60mm，宽度 12～200mm，长3～9m；

花纹钢板，厚度 2.5～8mm，宽度 600～1800mm，长4～12m。

2）角钢

分等边与不等边两种。角钢是以其边宽来编号的，例如10号角钢的两个边宽均为 100mm；10/8 号角钢的边宽分别为 100mm 及 80mm。同一号码的角钢厚度可以不同，我国生产的角钢的长度一般为 4～19m。

3）槽钢

分普通槽钢和普通低合金轻型槽钢。其型号是以截面高度（cm）来表示的。例如 20 号槽钢的断面高度均为 20cm。我国生产的槽钢一般长度为 5～19m，最大型号为 40 号。

4）工字钢

分普通工字钢和普通低合金工字钢。因其腹板厚度不同，可分为 a、b、c 三类，型号也是用截面高度（cm）来表示的。我国生产的工字钢长度一般为 5～19m，最大型号 63 号。

5）钢管

规格以外径表示，我国生产的无缝钢管外径约 38～325mm，壁厚 4～40mm，长度 4～12.5m。

6）H 型钢

H 型钢规格以高度（mm）×宽度（mm）表示，目前生产的 H 型钢规格 100mm×100mm～800mm×300mm 或宽翼 427mm×400mm，厚度（指主筋壁厚）6～20mm，长度 6～18m。

7）冷弯薄壁型钢

冷弯薄壁型钢是用冷轧钢板、钢带或其他轻合金材料在常温下经模压或弯制冷加工而成的。用冷弯薄壁型钢制成的钢结构，重量轻，省材料，截面尺寸又可以自行设计，目前在轻型的建筑结构中已得到应用。

1.5.3 钢结构的应用

由于钢结构自身的特点和结构形式的多样性，随着我国国民经济的迅速发展，应用范围越来越广，除房屋结构以外，钢结构还可用于下列结构：

（1）塔桅结构

塔桅结构包括电视塔、微波塔、无线电桅杆、导航塔及火箭发射塔等，一般均采用钢结构。

（2）板壳结构

板壳结构包括大型储气柜和储液库等要求密闭的容器、大直径高压输油管和输气管等,高炉的炉壳和轮船的船体等也均应采用钢结构。

(3) 桥梁结构

跨度大于40m的各种形式的大、中跨度桥梁,一般也采用钢结构。

(4) 可拆卸移动式结构

塔式起重机、施工升降机、物料提升机、高处作业吊篮、附着升降脚手架等起重机械及施工设施中也大量采用钢结构形式。

1.5.4 钢材的特性

(1) 在单向应力下的钢材的塑性

钢材的主要强度指标和多项性能指标是通过单向拉伸试验获得的。试验一般是在标准条件下进行的,即采用符合国家标准规定形式和尺寸的标准试件,在室温20℃左右,按规定的加载速度在拉力试验机上进行。

图1-43所示为低碳钢的一次拉伸应力—应变曲线。钢材具有明显的弹性阶段、弹塑性阶段、塑性阶段及应变硬化阶段。

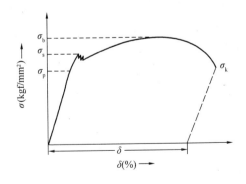

图1-43 低碳钢的一次拉伸应力—应变曲线

在弹性阶段，钢材的应力与应变成正比，服从虎克定律。这时变形属弹性变形。当应力释放后，钢材能够恢复原状。弹性阶段是钢材工作的主要阶段。

在弹塑性阶段、塑性阶段，应力不再上升而变形发展很快。当应力释放之后，将遗留不能恢复的变形。这种变形属弹塑性、塑性变形。这种过大的永久变形虽不是结构的真正破坏，但却使它丧失正常工作能力。因此，在建筑机械的结构计算中，把屈服点 σ_s 近似地看成钢材由弹性变形转入塑性变形的转折点，并将作为钢结构容许达到的极限应力。对于受拉杆件，只允许在 σ_s 以下的范围内工作。

在应变硬化阶段，当继续加载时，钢材的强度又有显著提高，塑性变形也显著增大（应力与应变已不服从虎克定律），随后将会发生破坏，钢材真正破坏时的强度为抗拉强度 σ_b。

由此可见，从屈服点到破坏，钢材仍有着较大的强度储备，从而增加了结构的可靠性。

钢材在发展到很大的塑性变形之后才出现的破坏，称为塑性破坏。结构在简单的拉伸、弯曲、剪切和扭转的情况下工作时，通常是先发展塑性变形，而后才导致破坏。由于钢材达到塑性破坏时的变形比弹性变形大得多。因此，在一般情况下钢结构产生塑性破坏的可能性不大。即便出现这种情形，事前也易被察觉，能对结构及时采取补强工作。

（2）钢材的脆性

脆性破坏的特征是在破坏之前钢材的塑性变形很不明显，有时甚至是在应力小于屈服点的情况下突然发生，这种破坏形式对结构的危害比较大。影响钢材脆断的因素是多方面的：

1）低温的影响

当温度到达某一低温后，钢材就处于脆性状态，冲击韧性很不稳定。钢种不同，冷脆温度也不同。

2）应力集中的影响

如钢材存在缺陷（气孔、裂纹、夹杂等），或者结构具有孔洞、开槽、凹角、厚度变化以及制造过程中带来的损伤，都会导致材料截面中的应力不再保持均匀分布，在这些缺陷、孔槽或损伤处，将产生局部的高峰应力，形成应力集中。

3）加工硬化（残余应力）的影响

钢材经过了弯曲、冷压、冲孔、剪裁等加工之后，会产生局部或整体硬化，降低塑性和韧性，加速时效变脆，这种现象称加工硬化（或冷作硬化）

热轧型钢在冷却过程中，在截面突变处如尖角、边缘及薄细部位，率先冷却，其他部位渐次冷却，先冷却部位约束阻止后冷却部位的自由收缩，产生复杂的热轧残余应力分布。不同形状和尺寸规格的型钢残余应力分布不同。

4）焊接的影响

钢结构的脆性破坏，在焊接结构中常常发生。焊接引起钢材变脆的原因是多方面的，其中主要是焊接温度的影响。由于焊接时焊缝附近的温度很高，在热影响区域，经过高温和冷却的过程，使钢材的组织构造和机械性能起了变化，促使钢材脆化。钢材经过气割或焊接后，由于不均匀的加热和冷却，将引起残余应力。残余应力是自相平衡的应力，退火处理后可部分乃至全部消除。

（3）钢材的疲劳性

钢材在连续反复荷载作用下，虽然应力还低于抗拉强度甚至屈服点，也会发生破坏，这种破坏属疲劳破坏。

疲劳破坏属于一种脆性破坏。疲劳破坏时所能达到的最大应力，将随荷载重复次数的增加而降低。钢材的疲劳强度采用疲劳试验来确定，各类起重机都有其规定的荷载疲劳循环次数值尚不破坏的应力值为其疲劳强度。

影响钢材疲劳强度的因素相当复杂,它与钢材种类、应力大小变化幅度、结构的连接和构造情况等有关。建筑机械的钢结构多承受动力荷载,对于重级以及个别中级工作类型的机械,须考虑疲劳的影响,并作疲劳强度的计算。

1.5.5 钢结构的连接

钢结构通常是由多个杆件以一定的方式相互连接而组成的。常用的连接方法有焊接连接、螺栓连接与铆接连接等。

(1) 焊接连接

焊接连接广泛应用于结构件的组成,如塔式起重机的塔身、起重臂、回转平台等钢结构部件;施工升降机的吊笼、导轨架;高处作业吊篮的吊篮作业平台、悬挂机构;整体附着升降脚手架的竖向主框架、水平承力桁架等钢结构件采用焊缝连接成为一个整体性的部件。焊缝连接也用于长期或永久性的固接,如钢结构的建筑物;也可用于临时单件结构的定位。

钢结构钢材之间的焊接形式主要有正接填角焊缝、搭接填角焊缝、对接焊缝及塞焊缝等,如图1-44所示。

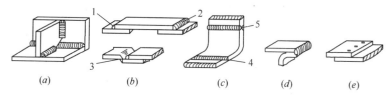

图1-44 钢结构的焊接形式

(a) 正接填角焊缝;(b) 搭接填角焊缝;(c) 对接焊缝;(d) 边缘焊缝;(e) 塞焊缝
1—双面式;2—单面式;3—插头式;4—单面对接;5—双面对接

(2) 螺栓连接

螺栓连接广泛应用于可拆卸连接,螺栓连接主要由普通螺栓连接与高强度螺栓连接两种。

1）普通螺栓连接

普通螺栓连接分为精制螺栓（A级与B级）和粗制螺栓（C级）连接。

普通螺栓材质一般采用Q235钢。普通螺栓的强度等级为3.6～6.8级；直径为3～64mm。

2）高强度螺栓连接

高强度螺栓按强度可分为8.8、9.8、10.9和12.9四个等级（扭剪型高强度螺栓强度仅10.9级），直径一般为12～42mm，按受力状态可分为抗剪螺栓和抗拉螺栓。

（3）铆接连接

铆接连接因制造费工费时，用料较多及结构重量较大，现已很少采用。只有在钢材的焊接性能较差时，或在主要承受动力载荷的重型结构中才采用（如：桥梁、吊车梁等）。建筑机械的钢结构一般不用铆接连接。

1.5.6 焊缝表面质量检查

焊缝外形尺寸如焊缝长度、高度等应满足设计要求，在重要焊接部位，可采用磁粉探伤或超声波探伤，甚至用X光射线探伤进行判断焊缝质量。一般外观质量检查要求焊缝饱满、连续、平滑，无缩孔、杂质等缺陷。

1.5.7 钢结构的安全使用

钢结构构件可承受拉力、压力、水平力、弯矩、扭矩等荷载，而组成钢结构的基本构件，是轴心受力构件，包括轴心受拉构件和轴心受压构件。

要确保钢结构的安全使用，应做好以下几点：

（1）组成钢结构的每件基本构件应完好，不允许存在变形、破坏的现象，一旦有一根基本构件破坏，将会导致钢结构整体的失稳、倒塌等事故。

（2）结构的连接应正确牢固，由于钢结构是由基本构件连接组成，所以有一处连接失效同样会造成钢结构的整体失稳、倒塌，造成事故。

（3）在允许的载荷、规定的作业条件下使用。

1.6 起重吊装基础知识

起重吊装作业是设备、设施安装拆卸过程中重要的一个环节。对于不同的设备、设施，在运输和安装过程中，必须使用适当的起重吊装运输机具，采用相应的起重吊装运输方法。

起重吊装是把所要安装的设备、设施，用起重设备或人工方法将其吊运至预定安装的位置上的过程。

1.6.1 吊点的选择

在起重作业中，应当根据被吊物体来选择吊点位置，吊点位置选择不当就会造成绳索受力不均，甚至发生被吊物体转动、倾翻的危险。吊点位置的选择，一般按下列原则进行：

（1）吊运各种设备、构件时要用原设计的吊耳或吊环。

（2）吊运各种设备、构件，如果没有吊耳或吊环，可在设备四个端点上捆绑吊索，然后根据设备具体情况，选择吊点，使吊点与重心在同一条垂线上。但有些设备未设吊耳或吊环，如各种罐类以及重要设备，往往有吊点标记，应仔细检查。

（3）吊运方形物体时，四根绳应拴在物体的四边对称点上。

（4）吊装细长物体时，如桩、钢筋、钢柱、钢梁杆件，应按计算确定的吊点位置绑扎绳索，吊点位置的确定有以下几种情况：

1）一个吊点：起吊点位置应设在距起吊端 $0.3L$（L 为物体的长度）处。如钢管长度为 10m，则捆绑位置应设在钢管起吊端距端部 $10×0.3=3m$ 处，如图 1-45（a）所示。

2）两个吊点：如起吊用两个吊点，则两个吊点应分别距物体两端 $0.21L$ 处。如果物体长度为 10m，则吊点位置为 $10×0.21=2.1m$，如图 1-45（b）所示。

3）三个吊点：如物体较长，为减少起吊时物体所产生的应力，可采用三个吊点。三个吊点位置确定的方法是，首先用 $0.13L$ 确定出两端的两个吊点位置，然后把两吊点间的距离等分，即得第三个吊点的位置，也就是中间吊点的位置。如杆件长 10m，则两端吊点位置为 $10×0.13=1.3m$，如图 1-45（c）所示。

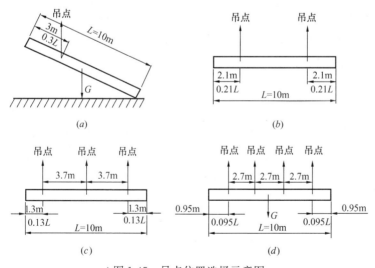

图 1-45　吊点位置选择示意图
（a）单个吊点；（b）两个吊点；（c）三个吊点；（d）四个吊点

4) 四个吊点：选择四个吊点，首先用 $0.095L$ 确定出两端的两个吊点位置，然后再把两吊点间的距离进行三等分，即得中间两吊点位置。如杆件长 10m，则两端吊点位置分别距两端 $10×0.095=0.95$m，中间两吊点位置分别距两端 $10×0.095+10×(1-0.095×2)/3$，如图 1-45（d）所示。

1.6.2 常用起重索具

起重吊装作业中要使用许多辅助工具，如钢丝绳、滑轮组、卷扬机等。

(1) 钢丝绳

钢丝绳是起重作业中必备的重要部件，广泛用于捆绑物体以及起重机的起升、牵引、缆风等。钢丝绳通常由多根钢丝捻成绳股，再由多股绳股围绕绳芯捻制而成，具有强度高、自重轻、弹性大等特点，能承受振动荷载，能卷绕成盘，能在高速下平稳运动且噪声小。

1) 钢丝绳分类

按《重要用途钢丝绳》（GB 8918—2006），钢丝绳分类如下：

①按绳和股的断面、股数和股外层钢丝绳的数目分类，见表 1-6。

施工现场起重作业一般使用圆股钢丝绳，常见的断面形式如图 1-46、图 1-47 所示。

②钢丝绳按捻法，分为右交互捻（ZS）、左交互捻（SZ）、右同向捻（ZZ）和左同向捻（SS）四种，如图 1-48 所示。

③钢丝绳按绳芯不同，分为纤维芯和钢芯。纤维芯钢丝绳比较柔软，易弯曲，纤维芯可浸油作润滑、防锈，减少钢丝间的摩擦；金属芯的钢丝绳耐高温、耐重压，硬度大、不易弯曲。

钢丝绳的分类

表 1-6

组别	类别	分类原则	典型结构 钢丝绳	典型结构 股绳	直径范围 (mm)
1	6×7	6个圆股，中心丝（或无）外层可到7根，中心丝、钢丝等捻距1~2层钢丝外捻距	6×7 6×9W	(6+1) (3/3+3)	2~36 14~36
2	6×19 (a)	6个圆股，每股外层丝可到8~12根，中心丝外捻制2~3层钢丝、钢丝等捻距	6×19S 6×19W 6×25Fi 6×26SW 6×31SW	(9+9+1) (6/6+6+1) (12+6F+6+1) (10+5/5+5+1) (12+6/6+6+1)	6~36 6~41 14~44 13~40 12~46
2	6×19 (b)	6个圆股，每股外层丝12根，中心丝外捻制2层钢丝	6×19	(12+6+1)	3~46
3	6×37 (a)	6个圆股，每股外层丝可到14~18根，中心丝外捻制3~4层钢丝、钢丝等捻距	6×29Fi 6×36SW 6×37S（点线接触） 6×41SW 6×49SWS 6×55SWS	(14+7F+7+1) (14+7/7+7+1) (15+15+6+1) (16+8/8+8+1) (16+8/8+8+1) (18+9/9+9+9+1)	10~44 12~60 10~60 32~60 36~60 36~64
3	6×37 (b)	6个圆股，每股外层丝8根，中心丝外捻制3层钢丝	6×37	(18+12+6+1)	5~66

续表

组别	类别	分类原则	典型结构 钢丝绳	典型结构 股绳	直径范围(mm)
4	8×19	8个圆股，每股外层丝可到8~12根、中心丝外捻制2~3层钢丝、钢丝外等捻距	8×19S	(9+9+1)	11~44
			8×19W	(6/6+6+1)	10~48
			8×25Fi	(12+6F+6+1)	18~52
			8×26SW	(10+5/5+6+1)	16~48
			8×31SW	(12+6/6+6+1)	14~56
5	8×37	8个圆股，14~18根、中心丝外捻制3~4层钢丝、钢丝等捻距	8×36SW	(14+7/7+7+1)	14~60
			8×41SW	(16+8/8+8+1)	40~56
			8×49SWS	(16+8/8+8+8+1)	44~64
			8×55SWS	(16+9/9+9+9+1)	44~4
6	17×7	钢丝绳中有17个或18个圆股、在纤维芯或钢芯外捻制2层股	17×7	(6+1)	6~44
			18×7	(6+1)	6~44
			18×19W	(6/6+6+1)	14~44
			18×19S	(9+9+1)	14~44
			18×19	(12+6+1)	10~44
7	34×7	钢丝绳中有34个或36个圆股、在纤维芯或钢芯外捻制3层股	34×7	(6+1)	16~44
			36×7	(6+1)	16~44
8	6×24	6个圆股，每股外层丝12~16根、在纤维芯外捻制2层股	6×24	(15+9+FC)	8~40
			6×24S	(12+12+FC)	10~44
			6×24W	(8/8+8+FC)	10~44

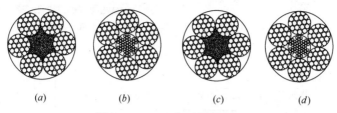

图 1-46 6×19 钢丝绳断面图

(a) 6×19S+FC；(b) 6×19S+IWR；(c) 6×19W+FC；(d) 6×19W+IWR

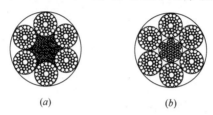

图 1-47 6×37S 钢丝绳断面图

(a) 6×37S+FC；(b) 6×37S+IWR

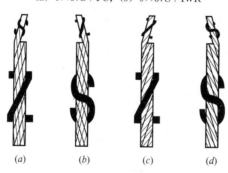

图 1-48 钢丝绳按捻法分类

(a) 右交互捻；(b) 左交互捻；(c) 右同向捻；(d) 左同向捻

2）标记

根据《钢丝绳术语、标记和分类》（GB/T 8706—2006），钢丝绳的标记格式如图 1-49 所示。

3）钢丝绳的选用

钢丝绳的选用应遵循下列原则：

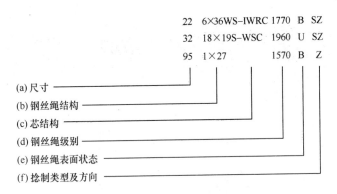

图1-49 钢丝绳的标记示例

①能承受所要求的拉力,保证足够的安全系数;
②能保证钢丝绳受力不发生扭转;
③耐疲劳,能承受反复弯曲和振动作用;
④有较好的耐磨性能;
⑤与使用环境相适应:高温或多层缠绕的场合宜选用金属芯;高温、腐蚀严重的场合宜选用石棉芯;有机芯易燃,不能用于高温场合。
⑥必须有产品检验合格证。

4) 钢丝绳的存储

①运输过程中,应注意不要损坏钢丝绳表面。
②钢丝绳应储存于干燥而有木地板或沥青、混凝土地面的仓库里,以免腐蚀。在堆放时,成卷的钢丝绳应竖立放置(即卷轴与地面平行),不得平放。
③必须在露天存放时,地面上应垫木方,并用防水毡布覆盖。

5) 钢丝绳的松卷

①在整卷钢丝绳中引出一个绳头并拉出一部分重新盘绕成卷时,松绳的引出方向和重新盘绕成卷的绕行应保持一致,不得随

意抽取,以免形成圈套和死结。如图 1-50 所示。

图 1-50 钢丝绳的松卷

②当由钢丝绳卷直接往起升机构卷筒上缠绕时,应把整卷钢丝绳架在专用的支架上,松卷时的旋转方向应与起升机构卷筒上绕绳的方向一致;卷筒上绳槽的走向应同钢丝绳的捻向相适应。

③在钢丝绳松卷和重新缠绕过程中,应避免钢丝绳与污泥接触,以防止钢丝绳生锈。

④钢丝绳严禁与电焊线碰触。

6) 钢丝绳的截断

在截断钢丝绳时,宜使用专用刀具或砂轮锯截断,较粗钢丝绳可用乙炔切割。如图 1-51 所示,截断钢丝绳时,要在截分处进行扎结,扎结绕向必须与钢丝绳股的绕向相反,扎结须紧固,以免钢丝绳在断头处松开。

图 1-51 钢丝绳的扎结与截断

缠扎宽度随钢丝绳直径大小而定,直径为 15～24mm,扎结宽度应不小于 25mm;对直径为 25～30mm 的钢丝绳,其缠扎宽度应不小于 40mm;对于直径为 31～44mm 钢丝绳,其扎结宽度不得小于50mm；直径为45～51mm的钢丝绳，扎结宽度不得小于75mm。扎结处与截断口之间的距离应不小于50mm。

7) 钢丝绳的穿绕

钢丝绳的使用寿命，在很大程度上取决于穿绕方式是否正确，因此，要由训练有素的技工细心地进行穿绕，并应在穿绕时将钢丝绳涂满润滑脂。

穿绕钢丝绳时，必须注意检查钢丝绳的捻向。如俯仰变幅动臂式塔式起重机的臂架拉绳捻向必须与臂架变幅绳的捻向相同。起升钢丝绳的捻向必须与起升卷筒上的钢丝绳绕向相反。

8) 钢丝绳的固定与连接

钢丝绳与其他零构件连接或固定应注意连接或固定方式与使用要求相符，连接或固定部位应达到相应的强度和安全要求。常用的连接和固定方式有以下几种，如图1-52所示。

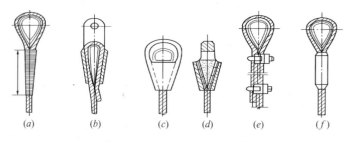

图1-52 钢丝绳固定与连接

(a) 编结连接；(b) 楔块、楔套连接；(c)、(d) 锥形套浇铸法；
(e) 绳夹连接；(f) 铝合金套压缩法

①编结连接，如图1-52(a)所示，编结长度不应小于钢丝绳直径的15倍，且不应小于300mm；连接强度不小于75%钢丝绳破断拉力。

②楔块、楔套连接，如图1-52(b)所示，钢丝绳一端绕过楔块，利用楔块在套筒内的锁紧作用使钢丝绳固定。固定处的强度约为绳自身强度的75%～85%。楔套应用钢材制造，连接强

度不小于75%钢丝绳破断拉力。

③锥形套浇铸法，如图1-52（c）、（d）所示，先将钢丝绳拆散，切去绳芯后插入锥套内，再将钢丝绳末端弯成钩状，然后灌入熔融的铅液，最后经过冷却即成。

④绳夹连接，如图1-52（e）所示，绳夹连接简单、可靠，被广泛应用。

⑤铝合金套压缩法，如图1-52（f）所示，钢丝绳末端穿过锥形套筒后松散钢丝，将头部钢丝弯成小钩，浇入金属液凝固而成。其连接应满足相应的工艺要求，固定处的强度与钢丝绳自身的强度大致相同。

9）钢丝绳的使用和维护

钢丝绳在卷筒上，应按顺序整齐排列。

①载荷由多根钢丝绳支承时，应设有各根钢丝绳受力的均衡装置。

②起升机构和变幅机构，不得使用编结接长的钢丝绳。使用其他方法接长钢丝绳时，必须保证接头连接强度不小于钢丝绳破断拉力的90%。

③起升高度较大的起重机，宜采用不旋转、无松散倾向的钢丝绳。采用其他钢丝绳时，应有防止钢丝绳和吊具旋转的装置或措施。

④当吊钩处于工作位置最低点时，钢丝绳在卷筒上的缠绕，除固定绳尾的圈数外，必须不少于3圈。

⑤应防止损伤、腐蚀或其他物理、化学因素造成的性能降低。

⑥钢丝绳开卷时，应防止打结或扭曲；钢丝绳切断时，应有防止绳股散开的措施。

⑦安装钢丝绳时，不应在不洁净的地方拖线，也不应缠绕在其他的物体上，应防止划、磨、碾、压和过度弯曲。

⑧领取钢丝绳时，必须检查该钢丝绳的合格证，以保证机械性能、规格符合设计要求。

⑨对日常使用的钢丝绳每天都应进行检查，包括对端部的固定连接、平衡滑轮处的检查，并作出安全性的判断。

10) 钢丝绳的润滑

钢丝绳应保持良好的润滑状态。所用润滑剂应符合该绳的要求，并且不影响外观检查。润滑时应特别注意不易看到和润滑剂不易渗透到的部位，如平衡滑轮处的钢丝绳。

对钢丝绳定期进行系统润滑，可保证钢丝绳的性能，延长使用寿命。润滑之前，应将钢丝绳表面上积存的污垢和铁锈清除干净，最好是用镀锌钢丝刷将钢丝绳表面刷净。钢丝绳表面越干净，润滑油脂就越容易渗透到钢丝绳内部去，润滑效果就越好。钢丝绳润滑的方法有刷涂法和浸涂法。刷涂法就是人工使用专用的刷子，把加热的润滑脂涂刷在钢丝绳的表面上。浸涂法就是将润滑脂加热到60℃，然后使钢丝绳通过一组导辊装置被张紧，同时使之缓慢地在容器里熔融润滑脂中通过。

11) 钢丝绳的检验检查

由于起重钢丝绳在使用过程中经常、反复受到拉伸、弯曲，当拉伸、弯曲的次数超过一定数值后，会使钢丝绳出现一种叫"金属疲劳"的现象，于是钢丝绳开始很快地损坏。同时当钢丝绳受力伸长时钢丝绳之间产生摩擦，绳与滑轮槽底、绳与起吊件之间的摩擦等，使钢丝绳使用一定时间后就会出现摩损、断丝现象。此外，由于使用、贮存不当，也可能造成钢丝绳的扭结、退火、变形、锈蚀、表面硬化和松捻等。钢丝绳在使用期间，一定要按规定进行定期检查，及早发现问题，及时保养或者更换报废，保证钢丝绳的安全使用。钢丝绳的检查包括外部检查与内部检查两部分。

①钢丝绳外部检查

a. 直径检查：直径是钢丝绳极其重要的参数。通过对直径测量，可以反映出该直径的变化速度、钢丝绳是否受到过较大的冲击载荷、捻制时股绳张力是否均匀一致、绳芯对股绳是否保持了足够的支撑能力。钢丝绳直径应用带有宽钳口的游标卡尺测量。其钳口的宽度要足以跨越两个相邻的股，如图1-53所示。

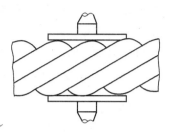

图1-53　钢丝绳直径测量方法

b. 磨损检查：钢丝绳在使用过程中产生磨损现象不可避免。通过对钢丝绳磨损检查，可以反映出钢丝绳与匹配轮槽的接触状况，在无法随时进行性能试验的情况下，根据钢丝磨损程度的大小推测钢丝绳实际承载能力。钢丝绳的磨损情况检查主要靠目测。

c. 断丝检查：钢丝绳在投入使用后，肯定会出现断丝现象，尤其是到了使用后期，断丝发展速度会迅速上升。由于钢丝绳在使用过程中不可能一旦出现断丝现象即停止继续运行，因此，通过断丝检查，尤其是对一个捻距内断丝情况检查，不仅可以推测钢丝绳继续承载的能力，而且根据出现断丝根数发展速度，间接预测钢丝绳使用疲劳寿命。钢丝绳的断丝情况检查主要靠目测计数。

d. 润滑检查：通常情况下，新出厂钢丝绳大部分在生产时已经进行了润滑处理，但在使用过程中，润滑油脂会流失减少。鉴于润滑不仅能够对钢丝绳在运输和存储期间起到防腐保护作用，而且能够减少钢丝绳使用过程中钢丝之间、股绳之间和钢丝绳与匹配轮槽之间的摩擦，对延长钢丝绳使用寿命十分有益，因此，为把腐蚀、摩擦对钢丝绳的危害降低到最低程度，进行润滑检查十分必要。钢丝绳的润滑情况检查主要靠目测。

②钢丝绳内部检查

对钢丝绳进行内部检查要比进行外部检查困难得多，但由于内部损坏（主要由锈蚀和疲劳引起的断丝）隐蔽性更大，因此，为保证钢丝绳安全使用，必须在适当的部位进行内部检查。

如图1-54所示，检查时将两个尺寸合适的夹钳相隔100～200mm夹在钢丝绳上反方向转动，股绳便会脱起。操作时，必须十分仔细，以避免股绳被过度移位造成永久变形（导致钢丝绳结构破坏）。

图1-54 对一段连续钢丝绳作内部检验（张力为零）

如图1-55所示，小缝隙出现后，用螺钉旋具之类的探针拨动股绳并把妨碍视线的油脂或其他异物拨开，对内部润滑、钢丝锈蚀、钢丝及钢丝间相互运动产生的磨痕等情况进行仔细检查。检查断丝，一定要认真，因为钢丝断头一般不会翘起而不容易被发现。检查完毕后，稍用力转回夹钳，以使股绳完全恢复到原来位置。如果上述过程操作正确，钢丝绳不会变形。对靠近绳端的绳段特别是对固定钢丝绳应加以注意，诸如支持绳或悬挂绳。

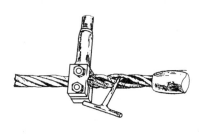

图1-55 对靠近绳端装置的钢丝绳尾部作内部检验（张力为零）

③钢丝绳使用条件检查

前面叙述的检查仅是对钢丝绳本身而言,这只是保证钢丝绳安全使用要求的一个方面。除此之外,还必须对与钢丝绳使用的外围条件——匹配轮槽的表面磨损情况、轮槽几何尺寸及转动灵活性进行检查,以保证钢丝绳在运行过程中与其始终处于良好的接触状态、运行摩擦阻力最小。

12) 钢丝绳的报废

钢丝绳经过一定时间的使用,其表面的钢丝发生磨损和弯曲疲劳,使钢丝绳表层的钢丝逐渐折断,折断的钢丝数量越多,其他未断的钢丝承担的拉力越大,疲劳与磨损愈甚,促使断丝速度加快,这样便形成恶性循环。当断丝发展到一定程度,保证不了钢丝绳的安全性能,届时钢丝绳不能继续使用,则应予以报废。钢丝绳的报废还应考虑磨损、腐蚀、变形等情况。钢丝绳的报废应考虑钢丝的性质和数量、绳端断丝、断丝的局部聚集、断丝的增加率、绳股断裂、绳径减小、弹性降低、外部磨损、外部及内部腐蚀、变形、由于受热或电弧引起的破坏、永久伸长的增加率等项目。

钢丝绳的损坏往往由于多种因素综合累计造成的,国家对钢丝绳的报废有明确的标准,具体标准见附录 2《起重机用钢丝绳检验和报废实用规范》(GB/T 5972—2006)

13) 钢丝绳计算

在允许的拉力范围内使用钢丝绳,是确保钢丝绳使用安全的重要原则。因此,根据现场情况计算钢丝绳的受力,对于选用合适的钢丝绳显得尤为重要。钢丝绳的允许拉力与其最小破断拉力、工作环境下的安全系数相关联。

①安全系数

在钢丝绳受力计算和选择钢丝绳时,考虑到钢丝绳受力不均、负荷不准确、计算方法不精确和使用环境较复杂等一系列不利因素,应给予钢丝绳一个储备能力。因此确定钢丝绳的受力时必须考虑一个系数,作为储备能力,这个系数就是选择钢丝绳的安全系数。

钢丝绳的安全系数是不可缺少的安全储备,绝不允许凭借这种安全储备而擅自提高钢丝绳的最大允许安全载荷,钢丝绳的安全系数见表1-7。

钢丝绳的安全系数　　　　　　表 1-7

用　　途	安全系数	用　　途	安全系数
作缆风	3.5	作吊索、无弯曲时	6～7
用于手动起重设备	4.5	作捆绑吊索	8～10
用于机动起重设备	5～6	用于载人的升降机	14

②钢丝绳的最小破断拉力

钢丝绳的最小破断拉力与钢丝绳的直径、结构(几股几丝及芯材)及钢丝的强度有关,是钢丝绳最重要的力学性能参数,其计算公式见式(1-7)。

$$F_0 = \frac{K'D^2R_0}{1000} \tag{1-7}$$

式中　F_0——钢丝绳最小破断拉力(kN);

　　　D——钢丝绳公称直径(mm);

　　　R_0——钢丝绳公称抗拉强度(MPa);

　　　K'——指定结构钢丝绳最小破断拉力系数。

钢丝绳的最小破断拉力可以通过查询钢丝绳质量证明书或力学性能表得到。

③钢丝绳的允许拉力

允许拉力是钢丝绳实际工作中所允许的实际载荷,其与钢丝绳的最小破断拉力和安全系数关系式见式(1-8)。

$$[F] = \frac{F_0}{K} \tag{1-8}$$

式中　$[F]$——钢丝绳允许拉力(kN);

F_0——钢丝绳最小破断拉力（kN）；

K——钢丝绳的安全系数。

【例 1-2】 一钢丝绳规格为 $6\times 19S+FC$，钢丝绳的公称抗拉强度为 1750MPa，直径为 16mm，试确定使用单根钢丝绳所允许吊起的重物的最大重量。

【解】 已知钢丝绳规格为 $6\times 19S+FC$，$R_0=1750MPa$，$D=16mm$。

查《重要用途钢丝绳》（GB 8918—2006）中表 10 可知，$F_0=133kN$。

根据题意，该钢丝绳属于用作捆绑吊索，查表 1-10 可知，$K=8$，根据式（1-8），得

$$[F]=\frac{F_0}{K}=\frac{133}{8}=16.625\text{kN}$$

该钢丝绳作捆绑吊索所允许吊起的重物的最大重量为 16.625kN。

在起重作业中，钢丝绳所受的应力很复杂，虽然可用数学公式进行计算，但因实际使用场合下计算时间有限，且也没有必要算得十分精确。因此人们常用估算法：

破断拉力

$$Q\approx 50D^2 \qquad (1-9)$$

使用拉力

$$P\approx \frac{50D^2}{K} \qquad (1-10)$$

式中 Q——公称抗拉强度 1570MPa 时的破断拉力（kgf）；

P——钢丝绳使用近似拉力（kgf）；

D——钢丝绳直径（mm）；

K——钢丝绳的安全系数。

【例 1-3】 选用一根直径为 16mm 的钢丝绳，用于吊索，设

定安全系数为8，试问它的破断力和使用拉力各为多少?

【解】 已知 $D=16\text{mm}$，$K=8$，得

$$Q \approx 50D^2 = 50 \times 16^2 \approx 12800\text{kgf}$$

$$P \approx \frac{50D^2}{K} = \frac{50 \times 16^2}{8} = 1600\text{kgf}$$

该钢丝绳的破断拉力为 12800kgf，允许使用拉力为 1600kgf。

(2) 吊索

吊索，又称千斤索或千斤绳，常用在把设备等物体捆绑、连接在吊钩、吊环上或用来固定滑轮、卷扬机等吊装机具。一般用 6×61 和 6×37 钢丝绳制成。

1) 吊索的形式大致可分为可调捆绑式吊索、无接头吊索、压制吊索、编制吊索和钢坯专用吊索五种，如图 1-56 所示。

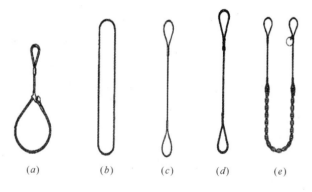

图 1-56 吊索
(a) 可调捆绑式吊索；(b) 无接头吊索；(c) 压制吊索；
(d) 编制吊索；(e) 钢坯专用吊索

2) 常用的吊索绑扎方法

①平行吊装绑扎法

平行吊装绑扎法一般有两种。一种是用一个吊点，适用于短小、重量轻的物体。在绑扎前应找准物体的重心，使被吊装的物

体处于水平状态,这种方法简便实用,常采用单支吊索穿套结索法吊装作业。根据所吊物体的整体和松散性,选用单圈或双圈穿套结索法,如图 1-57 所示。

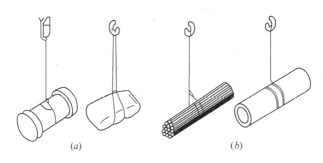

图 1-57　单双圈穿套结索法
(a) 单圈;(b) 双圈

另一种是用两个吊点,这种吊装方法是绑扎在物体的两端,常采用双支穿套结索法和吊篮式结索法,如图 1-58 所示,吊索之间夹角不得大于 120°。

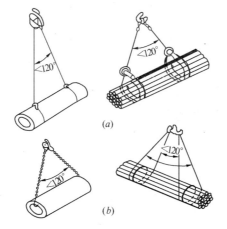

图 1-58　双圈穿套及吊篮结索法
(a) 双支单双圈穿套结索法;(b) 吊篮式结索法

71

②垂直斜形吊装绑扎法

垂直斜形吊装绑扎法多用于物体外形尺寸较长、对物体安装有特殊要求的场合。其绑扎点多为一点绑法（也可两点绑扎）。绑扎位置在物体端部，绑扎时应根据物体质量选择吊索和卸扣，并采用双圈或双圈以上穿套结索法，防止物体吊起后发生滑脱，如图 1-59 所示。

③兜挂法

如果物体重心居中可不用绑扎，采用兜挂法直接吊装，如图 1-60 所示。

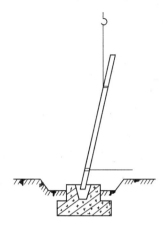

图 1-59　垂直吊装绑扎

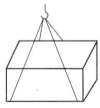

图 1-60　兜挂法

1.6.3　常用起重吊具

(1) 吊钩

吊钩属起重机上重要取物装置之一。吊钩若使用不当，容易造成损坏和折断而发生重大事故，因此，必须加强对吊钩经常性的安全技术检验。

1) 吊钩的分类

吊钩按制造方法可分为锻造吊钩和片式吊钩。锻造吊钩又可分为单钩和双钩,如图 1-61（a）、（b）所示。单钩一般用于小起重量,双钩多用于较大的起重量。锻造吊钩材料采用优质低碳镇静钢或低碳合金钢,如 20 优质低碳钢、16Mn、20MnSi、36MnSi。片式吊钩由若干片厚度不小于 20mm 的 C3、20 或 16Mn 的钢板铆接起来。片式吊钩也有单钩和双钩之分,如图 1-61（c）、（d）所示。

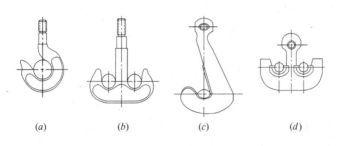

图 1-61 吊钩的种类
（a）锻造单钩；（b）锻造双钩；（c）片式单钩；（d）片式双钩

片式吊钩比锻造吊钩安全,因为吊钩板片不可能同时断裂,个别板片损坏还可以更换。吊钩按钩身（弯曲部分）的断面形状可分为：圆形、矩形、梯形和 T 字形断面吊钩。

2）吊钩安全技术要求

吊钩应有出厂合格证明,在低应力区应有额定起重量标记。

①吊钩的危险断面

对吊钩的检验,必须先了解吊钩的危险断面所在,通过对吊钩的受力分析,可以了解吊钩的危险断面有三个。

如图 1-62 所示,假定吊钩上吊挂重物的重量为 Q,由于重物重量通过钢丝绳作用在吊钩的 I—I 断面上,有把吊钩切断的趋势,该断面上受切应力；由于重量 Q 的作用,在 III—III 断面,有把吊钩拉断的趋势,这个断面就是吊钩钩尾螺纹的退刀槽,这个部位受拉应力；由于 Q 力对吊钩产生拉、切力之后,

73

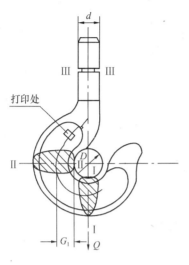

图 1-62 吊钩的危险断面

还有把吊钩拉直的趋势,也就是对Ⅰ—Ⅰ断面以左的各断面除受拉力以外,还受到力矩的作用。因此,Ⅱ—Ⅱ断面受 Q 的拉力,使整个断面受切应力,同时受力矩的作用。另外,Ⅱ—Ⅱ断面的内侧受拉应力,外侧受压应力,根据计算,内侧拉应力比外侧压应力大一倍多。所以,吊钩做成内侧厚,外侧薄就是这个道理。

② 吊钩的检验

吊钩的检验一般先用煤油洗净钩身,然后用 20 倍放大镜检查钩身是否有疲劳裂纹,特别对危险断面的检查要认真、仔细。钩柱螺纹部分的退刀槽是应力集中处,要注意检查有无裂缝。对板钩还应检查衬套、销子、小孔、耳环及其他紧固件是否有松动、磨损现象。对一些大型、重型起重机的吊钩还应采用无损探伤法检验其内部是否存在缺陷。

③ 吊钩的保险装置

吊钩必须装有可靠防脱棘爪(吊钩保险),防止工作时索具脱钩,如图 1-63 所示。

3) 吊钩的报废

吊钩禁止补焊,有下列情况之一的,应予以报废:

① 用 20 倍放大镜观察表面有裂纹;

② 钩尾和螺纹部分等危险截面及钩筋有永久性变形;

③ 挂绳处截面磨损量超过原高度的 10%;

④ 心轴磨损量超过其直径的 5%;

⑤ 开口度比原尺寸增加 15%。

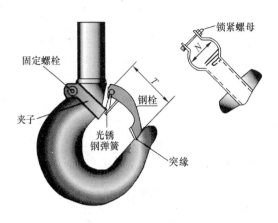

图 1-63 吊钩防脱棘爪

（2）卸扣

卸扣又称卡环，是起重作业中广泛使用的连接工具，它与钢丝绳等索具配合使用，拆装颇为方便。

1）卸扣的分类

卸扣按其外形分为直形和椭圆形，如图 1-64 所示。

按活动销轴的形式可分为销子式和螺栓式，如图 1-65 所示。

2）卸扣使用注意事项

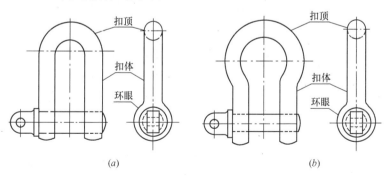

图 1-64　卸扣

（a）直形卸扣；（b）椭圆形卸扣

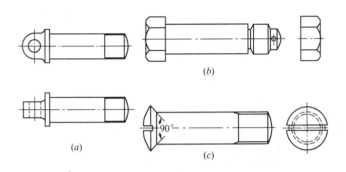

图 1-65 销轴的几种形式

(a) W型，带有环眼和台肩的螺纹销轴；(b) X型，六角头螺栓、六角螺母和开口销；(c) Y型，沉头螺钉

①卸扣必须是锻造的，一般是用20号钢锻造后经过热处理而制成的，以便消除残余应力和增加其韧性，不能使用铸造和补焊的卡环。

②使用时不得超过规定的荷载，应使销轴与扣顶受力，不能横向受力。横向使用会造成扣体变形。

③吊装时使用卸扣绑扎，在吊物起吊时应使扣顶在上销轴在下，如图1-66所示，使绳扣受力后压紧销轴，销轴因受力，在销孔中产生摩擦力，使销轴不易脱出。

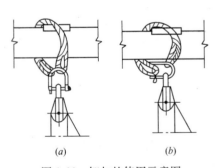

图 1-66 卸扣的使用示意图

(a) 正确的使用方法 (b) 错误的使用方法

④不得从高处往下抛掷卸扣，以防止卸扣落地碰撞而变形和内部产生损伤及裂纹。

3) 卸扣的报废

卸扣出现以下情况之一时，应予报废：

①裂纹；

②磨损达原尺寸的10%；

③本体变形达原尺寸的10%；

④横销变形达原尺寸的5%；

⑤螺栓坏丝或滑丝；

⑥卸扣不能闭锁。

（3）钢丝绳夹

主要用于钢丝绳的连接和钢丝绳穿绕滑车组时绳端的固定，以及桅杆上缆风绳绳头的固定等，如图1-67所示。钢丝绳夹是起重吊装作业中使用较广的钢丝绳夹具。常用的绳夹为骑马式绳夹和"U"形绳夹。

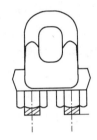

图1-67　钢丝绳夹

1）钢丝绳夹布置，应把绳夹座扣在钢丝绳的工作段上，U形螺栓扣在钢丝绳的尾段上，如图1-68所示。钢丝绳夹不得在钢丝绳上交替布置。

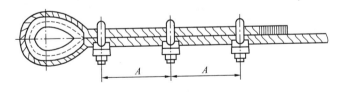

图1-68　钢丝绳夹的布置

2）钢丝绳夹数量应符合表1-8的规定。

钢丝绳夹的数量　　　　　　　表1-8

绳夹规格（钢丝绳直径）(mm)	≤18	18～26	26～36	36～44	44～60
绳夹最少数量（组）	3	4	5	6	7

3）钢丝绳夹间的距离 A（图1-66）应等于钢丝绳直径的6～7倍。

4）钢丝绳夹固定处的强度决定于绳夹在钢丝绳上的正确布置，以及绳夹固定和夹紧的谨慎和熟练程度。不恰当的紧固螺母或钢丝绳夹数量不足可能使绳端在承载时，一开始就产生滑动。

5）在实际使用中，绳夹受载一、二次以后应作检查，在多数情况下，螺母需要进一步拧紧。

6）钢丝绳夹紧固时须考虑每个绳夹的合理受力，离套环最远处的绳夹不得首先单独紧固；离套环最近处的绳夹（第一个绳夹）应尽可能地紧靠套环，但仍须保证绳夹的正确拧紧，不得损坏钢丝绳的强度。

7）绳夹在使用后要检查螺栓丝扣有否损坏，如暂不使用时，要在丝扣部位涂上防锈油并存放在干燥的地方，以防生锈。

（4）滑车和滑车组

滑车和滑车组是起重吊装、搬运作业中较常用的起重工具。滑车一般由吊钩（链环）、滑轮、轴、轴套和夹板等组成。

1）滑车

①滑车的种类

滑车按滑轮的多少，可分为单门（一个滑轮）、双门（两个滑轮）和多门等几种；按连接件的结构型式不同，可分为吊钩型、链环型、吊环型、吊梁型四种；按滑车的夹板形式分，有开口滑车和闭口滑车两种，如图1-69所示。开口滑车的夹板可以打开，便于装入绳索，一般都是单门，常用在拔杆脚等处作导向用。滑车按使用方式不同，又可分为定滑车和动滑车两种。定滑车在使用中是固定的，可以改变用力的方向，但不能省力；动滑车在使用中是随着重物移动而移动的,它能省力,但不能改变力的方向。

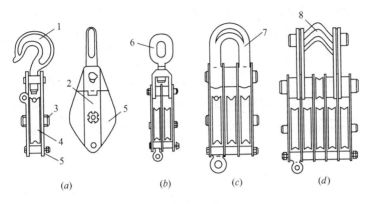

图 1-69 滑车
(a)单门开口吊钩型;(b)双门闭口链环型;(c)三门闭口吊环型;(d)三门吊梁型
1—吊钩;2—拉杆;3—轴;4—滑轮;5—夹板;6—链环;7—吊环;8—吊梁

②滑车的允许荷载

滑车的允许荷载,可根据滑轮和轴的直径确定。一般滑车上都有标明,使用时应根据其标定的数值选用,同时滑轮直径还应与钢丝绳直径匹配。

双门滑车的允许荷载为同直径单门滑车允许荷载的两倍,三门滑车为单门滑车的三倍,以此类推。同样,多门滑车的允许荷载就是它的各滑轮允许荷载的总和。因此,如果知道某一个四门滑车的允许荷载为 20000kg,则其中一个滑轮的允许荷载为 5000kg。即对于这四门滑车,若工作中仅用一个滑轮,只能负担 5000kg;用两个,只能负担 10000kg,只有四个滑轮全用时才能负担 20000kg。

2)滑车组

滑车组是由一定数量的定滑车和动滑车及绕过它们的绳索组成的简单起重工具。它能省力也能改变力的方向。

①滑车组的种类

滑车组根据跑头引出的方向不同,可以分为跑头自动滑车引出和跑头自定滑车引出两种。如图1-70(a)所示,跑头自动滑车引出,这时用力的方向与重物移动的方向一致;如图1-70(b)所示,跑头自定滑车绕出,这时用力的方向与重物移动的方向相反。在采用多门滑车进行吊装作业时常采用双联滑车组。如图1-70(c)所示,双联滑车组有两个跑头,可用两台卷扬机同时牵引,其速度快一倍,滑车组受力比较均衡,滑车不易倾斜。

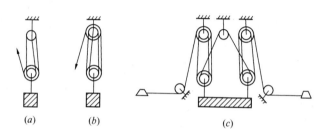

图1-70 滑车组的种类

(a)跑头自动滑车绕出;(b)跑头自定滑车绕出;(c)双联滑车组

②滑车组绳索的穿法

滑车组中绳索有普通穿法和花穿法两种,如图1-71所示。普通穿法是将绳索自一侧滑轮开始,顺序地穿过中间的滑轮,最后从另一侧的滑轮引出,如图1-71(a)所示。滑车组在工作时,由于两侧钢丝绳的拉力相差较大,跑头7的拉力最大,第6根为次,顺次至固定头受力最小,所以滑车在工作中不平稳。如图1-71(b)所示,花穿法的跑头从中间滑轮引出,两侧钢丝绳的拉力相差较小,所以能克服普通穿法的缺点。在用"三三"以上的滑车组时,最好用花穿法。滑车组中动滑车上穿绕绳子的根数,习惯上叫"走几",如动滑车上穿绕三根绳子,叫"走三",穿绕四根绳子叫"走四"。

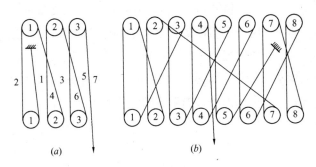

图 1-71 滑车组绳索的穿法
(a) 普通穿法；(b) 花穿法

3) 滑车及滑车组使用注意事项

① 使用前应查明标识的允许荷载，检查滑车的轮槽、轮轴、夹板、吊钩（链环）等有无裂缝和损伤，滑轮转动是否灵活。

② 滑车组绳索穿好后，要慢慢地加力，绳索收紧后应检查各部分是否良好，有无卡绳现象。

③ 滑车的吊钩（链环）中心，应与吊物的重心在一条垂线上，以免吊物起吊后不平稳，滑车组上下滑车之间的最小距离应根据具体情况而定，一般为 700~1200mm。

④ 滑车在使用前、后都要刷洗干净，轮轴要加油润滑，防止磨损和锈蚀。

⑤ 为了提高钢丝绳的使用寿命，滑轮直径最小不得小于钢丝绳直径的 16 倍。

4) 滑轮的报废

滑轮出现下列情况之一的，应予以报废：

① 裂纹或轮缘破损；

② 滑轮绳槽壁厚磨损量达原壁厚的 20%；

③ 滑轮底槽的磨损量超过相应钢丝绳直径的 25%。

(5) 链式滑车

1) 链式滑车类型和用途

链式滑车又称"捯链"、"手拉葫芦",它适用于小型设备和物体的短距离吊装,可用来拉紧缆风绳,以及用在构件或设备运输时拉紧捆绑的绳索,如图 1-72 所示。链式滑车具有结构紧凑、手拉力小、携带方便、操作简单等优点,它不仅是起重常用的工具,也常用作机械设备的检修拆装工具。

链式滑车可分为环链蜗杆滑车、片状链式蜗杆滑车和片状链式齿轮滑车等。

2) 链式滑车的使用

链式滑车在使用时应注意以下几点:

图 1-72 链式滑车

①使用前需检查传动部分是否灵活,链子和吊钩及轮轴是否有裂纹损伤,手拉链是否有跑链或掉链等现象。

②挂上重物后,要慢慢拉动链条,当起重链条受力后再检查各部分有无变化,自锁装置是否起作用,经检查确认各部分情况良好后,方可继续工作。

③在任何方向使用时,拉链方向应与链轮方向相同,防止手拉链脱槽,拉链时力量要均匀,不能过快过猛。

④当手拉链拉不动时,<u>应查明原因,不能增加人数猛拉</u>,以免发生事故。

⑤起吊重物中途停止的时间较长时,要将手拉链栓在起重链上,以防时间过长而自锁失灵。

⑥转动部分要经常上油,保证滑润,减少磨损,但切勿将润滑油渗进摩擦片内,以防自锁失灵。

(6) 螺旋扣

螺旋扣又称"花篮螺栓",如图 1-73 所示,其主要用在张紧和松弛拉索、缆风绳等,故又被称为"伸缩节"。其形式有多种,尺寸大小则随负荷轻重而有所不同。其结构形式如图 1-74 所示。

图 1-73 螺旋扣

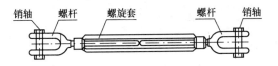

图 1-74 螺旋扣结构示意图

螺旋扣的使用应注意以下事项：

1）使用时应钩口向下；

2）防止螺纹轧坏；

3）严禁超负荷使用；

4）长期不用时，应在螺纹上涂好防锈油脂。

（7）高强度螺栓

高强度螺栓是施工升降机、塔式起重机等起重设备结构件连接的重要零件。高强螺栓副应符合国家标准的规定，并应有性能等级标示及合格证书。

1）高强度螺栓的等级

高强度螺栓按强度可分为 8.8、9.8、10.9 和 12.9 四个等级，直径一般为 12～42mm。施工升降机使用的高强度螺栓等级不应低于 8.8 级。

2）高强螺栓的预紧力

高强度螺栓的预紧力矩是保证螺栓连接质量的重要指标，它综合体现了螺栓、螺母和垫圈组合的安装质量。所以安装人员在塔式起重机安装、顶升升节时必须严格按相关塔式起重机使用说明书中规定的预紧力矩数值拧紧，常用的高强度螺栓预紧力和预紧扭矩见表 1-9。

常用的高强度螺栓预紧力和预紧扭矩

表 1-9

螺栓性能等级				8.8			9.8			10.9		
螺栓材料屈服强度 (N/mm^2)				640			720			900		
螺纹规格	公称应力截面积 A_s	螺纹最小截面积 A_g		预紧力 F_{sp}	理论预紧扭矩 M_{ap}	实际使用预紧扭矩 $M=0.9M_{sp}$	预紧力 F_{sp}	理论预紧扭矩 M_{ap}	实际使用预紧扭矩 $M=0.9M_{sp}$	预紧力 F_{sp}	理论预紧扭矩 M_{ap}	实际使用预紧扭矩 $M=0.9M_{sp}$
mm	mm^2			N	N·m	N·m	N	N·m	N·m	N	N·m	N·m
18	192	175		88000	290	260	99000	325	292	124000	405	365
20	245	225		114000	410	370	128000	462	416	160000	580	520
22	303	282		141000	550	500	158000	620	558	199000	780	700
24	353	324		164000	710	640	184000	800	720	230000	1000	900
27	459	427		215000	1050	950	242000	1180	1060	302000	1500	1350
30	561	519		262000	1450	1300	294000	1620	1460	368000	2000	1800
33	694	647		326000	由实验决定		365000	由实验决定		458000	由实验决定	
36	817	759		328000			430000			538000		
39	976	913		460000			517000			646000		
42	1120	1045		526000			590000			739000		
45	1300	1224		614000			690000			863000		
48	1470	1377		692000			778000			973000		

3) 高强度螺栓的安装使用

①安装前先对高强度螺栓进行全面检查，核对其规格、等级标志，检查螺栓、螺母及垫圈有无损坏，其连接表面应清除灰尘、油漆、油迹和锈蚀。

②螺栓、螺母、垫圈配合使用时，高强度螺栓不允许采用弹簧垫圈，必须使用平垫圈，塔身高强度螺栓必须采用双螺母防松。

③应使用力矩扳手或专用扳手，按使用说明书要求拧紧。

④高强度螺栓安装穿插方向宜采用自下而上穿插，即螺母在上面。主要便于扭力扳手和专用扳手的作业；便于检查螺栓的紧固情况；便于安装保护帽，以防进水锈蚀。

⑤高强度螺栓、螺母使用后拆卸再次使用，一般不得超过二次。再次使用的次数应符合生产厂的规定。

⑥拆下将再次使用的高强度螺栓、螺母必须无任何损伤、变形、滑牙、缺牙、锈蚀及螺栓粗糙度变化较大等现象，反之，则禁止用于受力构件的连接。

1.6.4 常用起重工具和设备

(1) 千斤顶

千斤顶是一种用较小的力将重物顶高、降低或移位的简单而方便的起重设备。千斤顶构造简单，使用轻便，便于携带，工作时无振动与冲击，能保证把重物准确地停在一定的高度上，升举重物时，不需要绳索、链条等，但行程短，加工精度要求较高。

1) 千斤顶的分类

千斤顶有齿条式、螺旋式和液压式三种基本类型。

①齿条式千斤顶

齿条式千斤顶又叫起道机，由金属外壳、装在壳内的齿条、

齿轮和手柄等组成。在路基路轨的铺设中常用到齿条式千斤顶，如图1-75所示。

②螺旋千斤顶

螺旋千斤顶常用的是LQ型，如图1-76所示，它由棘轮组1、小锥齿轮2、升降套筒3、锯齿形螺杆4、铜螺母5、大锥齿轮6、推力轴承7、主架8、底座9等组成。

③液压千斤顶

常用的液压千斤顶为YQ型，其构造如图1-77所示。

图1-75 齿条式千斤顶

2）千斤顶使用注意事项

①千斤顶使用前应清洗干净，并检查各部件是否灵活，有无损伤，液压千斤顶的阀门、活塞、皮碗是否良好，油液是否干净。

②使用时，应放在平整坚实的地面上，如地面松软，应铺设方木以扩大承压面积。设备或物件的被顶点应选择坚实的平面部位并应清洁至无油污，以防打滑，还须加垫木板以免顶坏设备或物件。

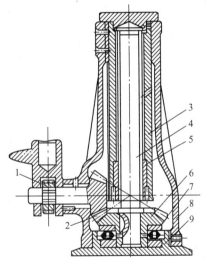

图1-76 螺旋式千斤顶

1—棘轮组；2—小锥齿轮；3—升降套筒；4—锯齿形螺杆；5—螺母；6—大锥齿轮；7—推力轴承；8—主架；9—底座

③严格按照千斤顶的额定起重量使用千斤顶，每次顶升高度不得超过活塞上的标志。

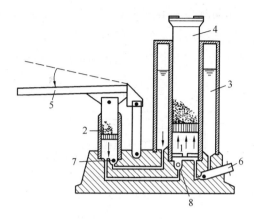

图 1-77 液压千斤顶的构造
1—油室；2—油泵；3—储油腔；4—活塞；5—摇把；
6—回油阀；7—油泵进油门；8—油室进油门

④在顶升过程中要随时注意千斤顶的平整直立，不得歪斜，严防倾倒，不得任意加长手柄或操作过猛。

⑤操作时，先将物件顶起一点后暂停，检查千斤顶、枕木垛、地面和物件等情况是否良好，如发现千斤顶和枕木垛不稳等情况，必须处理后才能继续工作。顶升过程中，应设保险垫，并要随顶随垫，其脱空距离应保持在 50mm 以内，以防千斤顶倾倒或突然回油而造成事故。

⑥用两台或两台以上千斤顶同时顶升一个物件时，要有统一指挥，动作一致，升降同步，保证物件平稳。

⑦千斤顶应存放在干燥、无尘土的地方，避免日晒雨淋。

（2）卷扬机

卷扬机在建筑施工中使用广泛，它可以单独使用，也可以作为其他起重机械的卷扬机构。

1）卷扬机构造和分类

卷扬机是由电动机、齿轮减速机、卷筒、制动器等构成。载荷的提升和下降均为一种速度，由电机的正反转控制。

卷扬机按卷筒数分：有单筒、双筒、多筒卷扬机；按速度分：有快速、慢速卷扬机。常用的有电动单筒和电动双筒卷扬机。图 1-78 所示为一种单筒电动卷扬机的结构示意图。

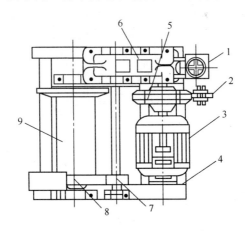

图 1-78 单筒电动卷扬机结构示意图

1—可逆控制器；2—电磁制动器；3—电动机；4—底盘；
5—联轴器；6—减速器；7—小齿轮；8—大齿轮；9—卷筒

2）卷扬机的基本参数

常用卷扬机的基本参数主要包括钢丝绳额定拉力、卷筒容绳量、钢丝绳平均速度、钢丝绳直径和卷筒直径等。

① 慢速卷扬机的基本参数见表 1-10。

慢速卷扬机基本参数　　　　　　表 1-10

形　式 基本参数	单筒卷扬机						
钢丝绳额定拉力（t）	3	5	8	12	20	32	50
卷筒容绳量（m）	150	150	400	600	700	800	800
钢丝绳平均速度（m/min）	9～12			8～11		7～10	
钢丝绳直径不小于（mm）	15	20	26	31	40	52	65
卷筒直径 D	$D \geqslant 18d$						

② 快速卷扬机的基本参数见表 1-11。

快速卷扬机基本参数　　　　　表 1-11

形式 基本参数	单筒						双筒			
钢丝绳额定拉力（t）	0.5	1	2	3	5	8	2	3	5	8
卷筒容绳量（m）	100	120	150	200	350	500	150	200	350	500
钢丝绳平均速度（m/min）	30～40		30～35		28～32		30～35		28～32	
钢丝绳直径不小于（mm）	7.7	9.3	13	5	20	26	13	15	20	26
卷筒直径 D	$D > 18d$									

3）卷筒

卷筒是卷扬机的重要部件，卷筒是由筒体、连接盘、轴以及轴承支架等构成的。

①钢丝绳在卷筒上的固定

钢丝绳在卷筒上的固定通常使用压板螺钉或楔块，固定的方法一般有楔块固定法、长板条固定法和压板固定法，如图 1-79 所示。

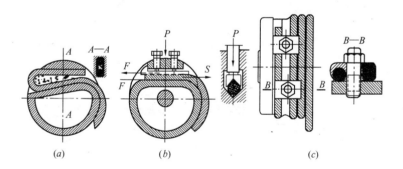

图 1-79　钢丝绳在卷筒上的固定
（a）楔块固定；（b）长板条固定；（c）压板固定

楔块固定法，如图 1-79（a）所示。此法常用于直径较小的钢丝绳，不需要用螺栓，适于多层缠绕卷筒。

长板条固定法，如图 1-79（b）所示。通过螺钉的压紧力，将带槽的长板条沿钢丝绳的轴向将绳端固定在卷筒上。

压板固定法，如图 1-79（c）所示。利用压板和螺钉固定钢丝绳，压板数至少为 2 个。此固定方法简单，安全可靠，便于观察和检查，是最常见的固定形式。其缺点是所占空间较大，不宜用于多层卷绕。

②卷筒的报废

卷筒出现下述情况之一的，应予以报废：

a. 裂纹或凸缘破损；

b. 卷筒壁磨损量达原壁厚的 10%。

4）卷扬机的固定

卷扬机必须用地锚予以固定，以防工作时产生滑动或倾覆。根据受力大小，固定卷扬机的方法大致有螺栓锚固法、水平锚固法、立桩锚固法和压重锚固法四种，如图 1-80 所示。

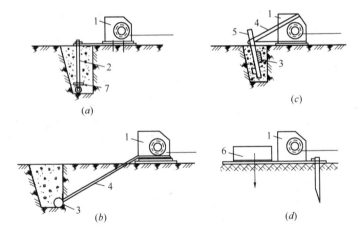

图 1-80 卷扬机的锚固方法

（a）螺栓锚固法；（b）水平锚固法；（c）立桩锚固法；（d）压重物锚固法

1—卷扬机；2—地脚螺栓；3—横木；4—拉索；5—木桩；6—压重；7—压板

5）卷扬机的布置

卷扬机的布置（即安装位置）应注意下列几点：

①卷扬机安装位置周围必须排水通畅并应搭设工作棚；

②卷扬机的安装位置应能使操作人员看清指挥人员和起吊或拖动的物件,操作者视线仰角应小于45°;

③在卷扬机正前方应设置导向滑车,如图1-81所示,导向滑车至卷筒轴线的距离,带槽卷筒应不小于卷筒宽度的15倍,即倾斜角α不大于2°,无槽卷筒应大于卷筒宽度的20倍,以免钢丝绳与导向滑车槽缘产生过度的磨损;

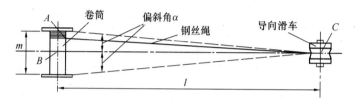

图1-81 卷扬机的布置

④钢丝绳绕入卷筒的方向应与卷筒轴线垂直,其垂直度允许偏差为6°,这样能使钢丝绳圈排列整齐,不致斜绕和互相错叠挤压。

6) 卷扬机使用注意事项

①使用前,应检查卷扬机与地面的固定、安全装置、防护设施、电气线路、接零或接地线、制动装置和钢丝绳等,全部合格后方可使用。

②使用皮带或开式齿轮的部分,均应设防护罩,导向滑轮不得用开口拉板式滑轮。

③正反转卷扬机卷筒旋转方向应在操纵开关上有明确标识。

④卷扬机必须有良好的接地或接零装置,接地电阻不得大于10Ω;在一个供电网路上,接地或接零不得混用。

⑤卷扬机使用前要先作空载正、反转试验,检查运转是否平稳,有无不正常响声;传动、制动机构是否灵敏可靠;各紧固件及连接部位有无松动现象;润滑是否良好,有无漏油现象。

⑥钢丝绳的选用应符合原厂说明书规定。卷筒上的钢丝绳全

部放出时应留有不少于3圈；钢丝绳的末端应固定牢靠；卷筒边缘外周至最外层钢丝绳的距离应不小于钢丝绳直径的2倍。

⑦钢丝绳应与卷筒及吊笼连接牢固，不得与机架或地面摩擦，通过道路时，应设过路保护装置。

⑧卷筒上的钢丝绳应排列整齐，当重叠或斜绕时，应停机重新排列，严禁在转动中用手拉脚踩钢丝绳。

⑨作业中，任何人不得跨越正在作业的卷扬钢丝绳。物件提升后，操作人员不得离开卷扬机，物件或吊笼下面严禁人员停留或通过。休息时应将物件或吊笼降至地面。

⑩作业中如发现异响、制动不灵、制动装置或轴承等温度剧烈上升等异常情况时，应立即停机检查，排除故障后方可使用。

（3）汽车起重机

汽车起重机是装在普通汽车底盘或特制汽车底盘上的一种起重机，如图1-82所示，其行驶驾驶室与起重操纵室分开设置。这种起重机的优点是机动性好，转移迅速。缺点是工作时需支

图1-82 汽车起重机结构图

1—下车驾驶室；2—上车驾驶室；3—顶臂油缸；4—吊钩；
5—支腿；6—回转卷扬机构；7—起重臂；8—钢丝绳；9—下车底盘

腿，不能负荷行驶，也不适合在松软或泥泞的场地上工作。

1）汽车起重机分类

①按额定起重量分，一般额定起重量15t以下的为小吨位汽车起重机，额定起重量16～25t的为中吨位汽车起重机，额定起重量26t以上的为大吨位汽车起重机。

②按吊臂结构分为定长臂汽车起重机、接长臂汽车起重机和伸缩臂汽车起重机三种。

定长臂汽车起重机多为小型机械传动起重机，采用汽车通用底盘，全部动力由汽车发动机供给。

接长臂汽车起重机的吊臂由若干节臂组成，分基本臂、顶臂和插入臂，可以根据需要，在停机时改变吊臂长度。由于桁架臂受力好，迎风面积小，自重轻，是大吨位汽车起重机的主要结构形式。

伸缩臂液压汽车起重机，其结构特点是吊臂由多节箱形断面的臂互相套叠而成，利用装在臂内的液压缸可以同时或逐节伸出或缩回。全部缩回时，可以有最大起重量；全部伸出时，可以有最大起升高度或工作半径。

③按动力传动分为机械传动、液压传动和电力传动三种。施工现场常用的是液压传动汽车起重机。

2）汽车起重机基本参数

汽车起重机的基本参数包括尺寸参数、质量参数、动力参数、行驶参数、主要性能参数及工作速度参数等。

①尺寸参数：整机长、宽、高，第一、二轴距，第三、四轴距，一轴轮距，二、三轴轮距。

②质量参数：行驶状态整机质量，一轴负荷，二、三轴负荷。

③动力参数：发动机型号，发动机额定功率，发动机额定扭矩，发动机额定转速，最高行驶速度。

④行驶参数：最小转弯半径，接近角，离去角，制动距离，最大爬坡能力。

⑤性能参数：最大额定起重量，最大额定起重力矩，最大起重力矩，基本臂长，最长主臂长度，副臂长度，支腿跨距，基本臂最大起升高度，基本臂全伸最大起升高度，（主臂＋副臂）最大起升高度。

⑥速度参数：起重臂变幅时间（起、落），起重臂伸缩时间，支腿伸缩时间，主起升速度，副起升速度，回转速度。

3）汽车起重机安全使用

汽车起重机作业应注意以下事项：

①启动前，检查各安全保护装置和指示仪表是否齐全、有效，燃油、润滑油、液压油及冷却水是否添加充足，钢丝绳及连接部位是否符合规定，液压、轮胎气压是否正常，各连接件有无松动。

②起重作业前，检查工作地点的地面条件。地面必须具备能使起重机保持水平状态，并能充分承受作用于支腿的压力条件；注意地基是否松软，如较松软，必须给支腿垫好能承载的枕木或钢板；支腿必须全伸，并将起重机调整成水平状态；当需最长臂工作时，风力不得大于5级；起重机吊钩重心在起重作业时不得超过回转中心与前支腿（左右））接地中心线的连线；在起重量指示装置有故障时，应按起重性能表确定起重量，吊具重量应计入总起重量。

③吊重作业时，起重臂下严禁站人，禁止吊起埋在地下的重物或斜拉重物以免承受侧载；禁止使用不合格的钢丝绳和起重链；根据起重作业曲线，确定工作半径和额定起重量，调整臂杆长度和角度；起吊重物中不准落臂，必须落臂时应先将重物放至地面，小油门落臂、大油门抬臂后，重新起吊；回转动作要平稳，不准突然停转，当吊重接近额定起重量时不得在吊物离地面

0.5m 以上的空中回转；在起吊重载时应尽量避免吊重变幅，起重臂仰角很大时不准将吊物骤然放下，以防后倾。

④不准吊重行驶。

（4）履带起重机

履带起重机操纵灵活，本身能回转 360°，在平坦坚实的地面上能负荷行驶。由于履带的作用，接触地面面积大，通过性好，可在松软、泥泞的场地作业，可进行挖土、夯土、打桩等多种作业，适用于建筑工地的吊装作业。但履带起重机稳定性较差，行驶速度慢且履带易损坏路面，转移时多用平板拖车装运。

1）履带起重机结构组成

履带起重机由动力装置、工作机构以及动臂、转台、底盘等组成。如图 1-83 所示。

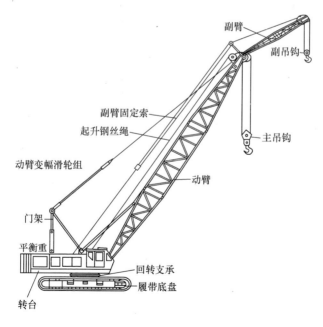

图 1-83　履带起重机结构图

①动臂

动臂为多节组装桁架结构，调整节数后可改变长度，其下端铰装于转台前部，顶端用变幅钢丝绳滑轮组悬挂支承，可改变其倾角。也有在动臂顶端加装副臂的，副臂与动臂成一定夹角。起升机构有主、副两卷扬系统，主卷扬系统用于动臂吊重，副卷扬系统用于副臂吊重。

②转台

转台通过回转支承装在底盘上，可将转台上的全部重量传递给底盘，其上部装有动力装置、传动系统、卷扬机、操纵机构、平衡重和操作室等。动力装置通过回转机构可使转台作360°回转。回转支承由上、下滚盘和其间的滚动件（滚球、滚柱）组成，可将转台上的全部重量传递给底盘，并保证转台的自由转动。

③底盘

底盘包括行走机构和动力装置。行走机构由履带架、驱动轮、导向轮、支重轮、托链轮和履带轮等组成。动力装置通过垂直轴、水平轴和链条传动使驱动轮旋转，从而带动导向轮和支重轮，实现整机沿履带行走。

2）履带起重机基本参数

履带起重机的主要技术参数包括主臂工况、副臂工况、工作速度数据、发动机参数、结构重量等，见表1-12。

履带起重机性能参数　　　　表1-12

项　目	性能指标	单　位
主臂工况	额定起重量	t
	最大起重力矩	t·m
	主臂长度	m
	主臂变幅角	

续表

项　　目	性能指标	单　　位
主臂带超起工况	额定起重量	t
	最大起重力矩	t·m
	主臂长度	m
	超起桅杆长度	m
	主臂变幅角	
变幅副臂工况	额定起重量	t
	主臂长度	m
	副臂长度	m
	最长主臂+最长变幅副臂	m
	主臂变幅角	
	副臂变幅角	
变幅副臂带超起工况	额定起重量	t
	主臂长度	m
	副臂长度	m
	最长主臂+最长变幅副臂	m
	超起桅杆长度	m
	主臂变幅角	
	副臂变幅角	
速度数据	主（副）卷扬绳速	m/min
	主变幅绳速	m/min
	副变幅绳速	m/min
	超起变幅绳速	m/min
	回转速度	m/min
	行走速度	km/h
发动机	输出功率	kW
	额定转速	r/mim
重　量	整机重量（基本臂）	t
	后配重+中央配重+超起配重	t
	最大单件运输重量	t
	运输尺寸（长×宽×高）	mm
接　地　比　压		MPa

3) 履带起重机安全使用

履带起重机应在平坦坚实的地面上作业、行走和停放。在正常作业时，坡度不得大于3°，并应与沟渠、基坑保持安全距离。

①作业时，起重臂的最大仰角不得超过出厂规定。当无资料可查时，不得超过78°；变幅应缓慢平稳，严禁在起重臂未停稳前变换挡位；起重机载荷达到额定起重量的90%及以上时，严禁下降起重臂；在起吊载荷达到额定起重量的90%及以上时，升降动作应慢速进行，并严禁同时进行两种以上动作。

②起吊重物时应先稍离地面试吊，当确认重物已挂牢，起重机的稳定性和制动器的可靠性均良好时，再继续起吊。在重物起升过程中，操作人员应把脚放在制动踏板上，密切注意起升重物，防止吊钩冒顶。当起重机停止运转而重物仍悬在空中时，即使制动踏板被固定，仍应脚踩在制动踏板上。

③采用双机抬吊作业时，应选用起重性能相似的起重机进行。抬吊时应统一指挥，动作应配合协调；载荷应分配合理，起吊重量不得超过两台起重机在该工况下允许起重量总和的75%，单机载荷不得超过允许起重量的80%；在吊装过程中，起重机的吊钩滑轮组应保持垂直状态。

④多机抬吊（多于三台时），应采用平衡轮、平衡梁等调节措施来调整各起重机的受力分配，单机的起吊载荷不得超过允许载荷的75%。多台起重机共同作业时，应统一指挥，动作应配合协调。

⑤起重机如需带载行走时，载荷不得超过允许起重量的70%，行走道路应坚实平整，重物应在起重机正前方向，重物离地面不得大于500mm，并应拴好拉绳，缓慢行驶。严禁长距离带载行驶。

⑥起重机行走时，转弯不应过急；当转弯半径过小时，应分次转弯；当路面凹凸不平时，不得转弯。

⑦起重机上下坡道时应无载行走,上坡时应将起重臂仰角适当放小,下坡时应将起重臂仰角适当放大。严禁下坡空挡滑行。

⑧作业后,起重臂应转至顺风方向并降至40°～60°之间,吊钩应提升到接近顶端的位置,应关停内燃机,将各操纵杆放在空挡位置,各制动器加保险固定,操纵室应关门加锁。

1.6.5 起重吊运指挥信号

起重指挥信号包括手势信号、音响信号和旗语信号,此外还包括与起重机司机联系的对讲机等现代电子通信设备的语音联络信号。在现行国家标准《起重吊运指挥信号》(GB 5082)中对起重指挥信号作了统一规定,具体见附录3。

(1) 手势信号

手势信号是用手势与驾驶员联系的信号,是起重吊运的指挥语言,包括通用手势信号和专用手势信号。

通用手势信号,指各种类型的起重机在起重吊运中普遍适用的指挥手势。通用手势信号包括预备、要主钩、吊钩上升等14种。

专用手势信号,指其有特殊的起升、变幅、回转机构的起重机单独使用的指挥手势。专用手势信号包括升臂、降臂、转臂等14种。

(2) 旗语信号

一般在高层建筑、大型吊装等指挥距离较远的情况下,为了增大起重机司机对指挥信号的视觉范围,可采用旗帜指挥。旗语信号是吊运指挥信号的另一种表达形式。根据旗语信号的应用范围和工作特点,这部分共有预备、要主钩、要副钩等23个图谱。

(3) 音响信号

音响信号是一种辅助信号。在一般情况下音响信号不单独作为吊运指挥信号使用，而只是配合手势信号或旗语信号应用。音响信号由5个简单的长短不同的音响组成。一般指挥人员都习惯使用哨笛音响。这五个简单的音响可与含义相似的指挥手势或旗语多次配合，达到指挥目的。使用响亮悦耳的音响是为了人们在不易看清手势或旗语信号时，作为信号弥补，以达到准确无误。

（4）起重吊运指挥语言

起重吊运指挥语言是把手势信号或旗语信号转变成语言，并用无线电、对讲机等通信设备进行指挥的一种指挥方法。指挥语言主要应用在超高层建筑、大型工程或大型多机吊运的指挥和工作联络方面。它主要用于指挥人员对起重机司机发出具体工作命令。

（5）起重机驾驶员使用的音响信号

起重机使用的音响信号有三种：

1）一短声表示"明白"的音响信号，是对指挥人员发出指挥信号的回答。在回答"停止"信号时也采用这种音响信号。

2）二短声表示"重复"的音响信号，是用于起重机司机不能正确执行指挥人员发出的指挥信号时，而发出的询问信号，对于这种情况，起重机司机应先停车，再发出询问信号，以保障安全。

3）长声表示"注意"的音响信号，这是一种危急信号，下列情况起重机司机应发出长声音响信号，以警告有关人员：

①当起重机司机发现他不能完全控制他操纵的设备时；

②当司机预感到起重机在运行过程中会发生事故时；

③当司机知道有与其他设备或障碍物相碰撞的可能时；

④当司机预感到所吊运的负载对地面人员的安全有威胁时。

2 塔式起重机概述

2.1 塔式起重机的类型和特点

2.1.1 塔式起重机概述

(1) 塔式起重机的用途及发展

塔式起重机主要用于房屋建筑和市政施工中物料的垂直和水平输送及建筑构件的安装。塔式起重机亦称塔吊,起源于欧洲。

我国的塔式起重机行业开始起步于20世纪50年代,20世纪80年代随着高层建筑的增多,塔式起重机的使用越来越普遍;进入21世纪,塔式起重机制造业进入了一个快速的发展时期,自升式、水平吊臂式等塔式起重机得到了广泛应用。

从塔式起重机的技术发展方面来看,新的产品层出不穷,新产品在生产效能、操作简便、保养容易和运行可靠方面均有提高。目前塔式起重机正向着组合式发展,即以塔身结构为核心,按结构和功能特点,将塔身分解成若干部分,并依据系列化和通用化要求,遵循模数制原理再将各部分划分成若干模块。根据参数要求,选用适当模块分别组成具有不同技术性能特征的塔式起重机,以满足施工的具体需求。推行组合式的塔式起重机有助于加快塔式起重机产品开发进度,有利于提高产品质量,并能更好地为客户服务。

(2) 塔式起重机的型号意义

根据国家建筑机械与设备产品型号编制方法的规定,塔式起重机的型号标识有明确的规则。如 QTZ80C 表示如下含义:

Q——起重,汉语拼音的第一个字母;

T——塔式,汉语拼音的第一个字母;

Z——自升,汉语拼音的第一个字母;

80——最大起重力矩(t·m);

C——更新、变型代号。

其中,更新、变型代号用英文字母表示;主要参数代号用阿拉伯数字表示,它等于塔式起重机额定起重力矩(单位为 kN·m)$\times 10^{-1}$;组、型、特性代号含义如下:

QT——上回转塔式起重机;

QTZ——上回转自升塔式起重机;

QTA——下回转塔式起重机;

QTK——快装塔式起重机;

QTQ——汽车塔式起重机;

QTL——轮胎塔式起重机;

QTU——履带塔式起重机;

QTH——组合塔式起重机。

(QTP——内爬升式塔式起重机)

(QTG——固定式塔式起重机)

目前,许多塔式起重机厂家采用国外的标记方式进行编号,即用塔式起重机最大臂长(m)与臂端(最大幅度)处所能吊起的额定重量(kN)两个主参数来标记塔式起重机的型号。如 TC5013A,其含义:

T——塔的英语第一个字母(Tower);

C——起重机的英语第一个字母(Crane);

50——最大臂长 50m;

13——臂端起重量13kN；

A——设计序号。

另外，也有个别塔式起重机生产厂家根据企业标准编制型号。

2.1.2 塔式起重机的分类及特点

(1) 塔式起重机的分类

塔式起重机的分类方式有多种，从其主体结构与外形特征考虑，基本上可按架设形式、变幅形式、旋转部位和行走方式区分。

1) 按架设方式

塔式起重机按架设方式分为快装式塔式起重机和非快装式塔式起重机。

2) 按变幅方式

塔式起重机按变幅方式分为小车变幅式塔式起重机和动臂变幅式塔式起重机。

动臂变幅塔式起重机是靠起重臂仰俯来实现变幅的，如图2-1 (a) 所示。其优点是：能充分发挥起重臂的有效高度，适宜在建筑密集场地施工。缺点是操作要求高。

动臂变幅塔式起重机按臂架结构形式分为定长臂动臂变幅塔式起重机与铰接臂动臂变幅塔式起重机。

小车变幅式塔式起重机是靠水平起重臂轨道上安装的小车行走实现变幅的，如图2-1 (b) 所示。其优点是：变幅范围大，作业时就位操作简单。

小车变幅塔式起重机又可分为平头式塔式起重机［图2-2 (b)］和塔帽式塔式起重机［图2-2 (a)、(c)、(d)、(e)］。

平头式塔式起重机最大特点是无塔帽和臂架拉杆。由于臂架

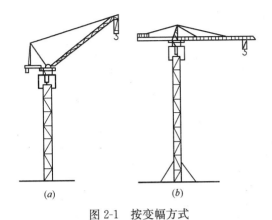

图 2-1 按变幅方式
(a) 动臂式；(b) 小车变幅式

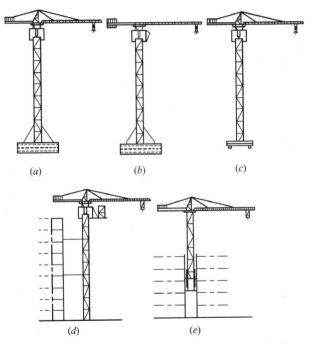

图 2-2 各种塔式起重机型式
(a)、(b)、(d) 固定式；(c) 轨道式；(e) 内爬式

采用无拉杆式，此种设计形式很大程度上方便了空中接长起重臂、拆除起重臂等操作，避免了空中安拆拉杆的复杂性及危险性。

3）按回转方式

塔式起重机按回转方式分为上回转式和下回转式塔式起重机，如图 2-3 所示。

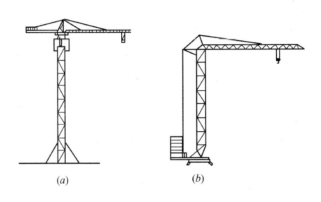

图 2-3 按回转方式
(a) 上回转式；(b) 下回转式

上回转式塔式起重机将回转支承，平衡重，主要机构均设置在塔身顶部，其优点是能够附着，达到较高的工作高度，由于塔身不回转，可简化塔身下部结构、顶升加节方便。

下回转式塔式起重机将回转支承、平衡重主要机构等均设置在塔身根部，其优点是：塔身所受垂直压力较上回转少，重心低，稳定性好，安装维修方便；缺点是：对回转支承要求较高，使用高度受到限制。

4）按底架行走方式

塔式起重机按底架行走方式分为固定式、轨道行走式和内爬式三种，如图 2-2 所示。三种塔式起重机各有特点，在选择时应根据使用要求来确定。

5）按附着方式

塔式起重机的附着方式有外附式，附着在建筑物外，也可附在建筑物内部，附在建筑物内部的，有内附式和内爬式。

(2) 塔式起重机的特点

1）工作高度高，有效起升高度大，特别有利于分层、分段安装作业，能满足建筑物垂直运输的全高度；

2）塔式起重机的起重臂较长，其水平覆盖面广；

3）塔式起重机具有多种工作速度、多种作业性能，生产效率高；

4）塔式起重机的驾驶室一般设在与起重臂同等高度的位置，司机的视野开阔；

5）塔式起重机的构造较为简单，维修、保养方便。

2.2 塔式起重机的性能参数

塔式起重机的主要技术性能参数包括起重力矩、起重量、幅度、自由高度（独立高度）、最大高度等；其他参数包括工作速度、结构重量、尺寸、（平衡臂）尾部尺寸及轨距轴距等。

2.2.1 起重力矩

起重量与相应幅度的乘积为起重力矩，过去的计量单位为 t·m，现行的计量单位为 kN·m。换算关系：一般可简化为 1t·m=10kN·m。

最大起重力矩是塔式起重机工作能力的最重要参数，它是塔式起重机工作时保持塔式起重机稳定性的控制值。塔式起重机的起重量随着幅度的增加而相应递减，因此，在各种幅度时都有额定的起重量，不同幅度和相应的起重量绘制成起重机的起重性能曲线图，表述出在不同幅度下的额定起重量。一般塔式起重机可以安装几种不同的臂长，每一种臂长的起重臂都有其特定的起重曲线，如图 2-4 所示。

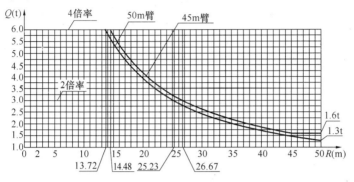

图 2-4　QT63 塔式起重机起重特性曲线

为了防止塔式起重机工作时超力矩而发生事故，所有塔式起重机都安装了力矩限制器。

QT63 塔式起重机起重特性表（50m 工作幅度）　　表 2-1

幅度（m）		2～13.72	14	14.48	15	16	17	18	19
吊重 (kg)	2倍率	3000	3000	3000	3000	3000	3000	3000	3000
	4倍率	6000	5865	5646	5426	5046	4712	4417	4154
幅度（m）		20	21	22	23	24	25.	25.23	26	26.67
吊重 (kg)	2倍率	3000	3000	3000	3000	3000	3000	3000	2897	2812
	4倍率	3918	3706	3514	3339	3180	3032			
幅度（m）		27	28	29	30	31	32	33	34	35
吊重 (kg)	2倍率	2772	2656	2549	2449	2355	2268	2186	2108	2036
	4倍率									
幅度（m）		36	37	38	39	40	41	42	43	44
吊重 (kg)	2倍率	1967	1902	1841	1783	1728	1676	1626	1578	1533
	4倍率									
幅度（m）		45	46	47	48	49	50			
吊重 (kg)	2倍率	1490	1449	1409	1371	1335	1300			
	4倍率									

2.2.2 起重量

起重量是吊钩能吊起的重量,其中包括吊索、吊具及容器的重量,起重量因幅度的改变而改变,因此每台起重机都有自己本身的起重量与起重幅度的对应表,俗称起重特性表(表2-1)。

塔式起重机的起升机构穿绳方式一般有2倍率、4倍率、甚至6倍率,一般4倍率是2倍率起重量的一倍。可根据需要进行变换。为了防止塔式起重机起重超过其最大起重量,现在塔式起重机都安装起重量限制器,起重量限制器内装有多个限制开关,除了限制塔式起重机最大额定重量外,在高速起吊和中速起吊时,也能进行起重量限制,高速时吊重最轻,中速时吊重中等,低速时吊重最重。

2.2.3 幅度

幅度是从塔式起重机回转中心线至吊钩中心线的水平距离,通常称为回转半径或工作半径。对于动臂式变幅的起重臂,其俯仰与水平的夹角在说明书中都有规定。动臂式变幅范围较小,而水平臂式的起重臂始终是水平的,变幅的范围较大,因此小车变幅的起重机在工作幅度上有优势。

2.2.4 起升高度

起升高度也称吊钩有效高度,是从塔式起重机基础基准表面(或行走轨道顶面)到吊钩支承面的垂直距离。为了防止塔式起重机吊钩起升超高而损坏设备发生事故,每台塔式起重机上安装有高度限位器。

2.2.5 工作速度

塔式起重机的工作速度包括：起升速度、变幅速度、回转速度、行走速度等。在起重作业中，回转、变幅、行走等，一般速度都不需要过快，但要求能平稳地启动和制动，如果采用无级调速的变频控制是比较理想的。

（1）起升速度：起吊各稳定运行速度挡对应的最大额定起重量，吊钩上升过程中稳定运动状态下的上升速度。起升速度不仅与起升机构有关，而且与吊钩滑轮组的倍率有关，2倍率的比4倍率快一倍。在起重作业中，特别是在高层建筑施工时，提高起升速度就能提高工作效率，但就位时需要慢速。

（2）小车变幅速度：对小车变幅塔式起重机，吊重量为最大幅度时的额定起重量、风速小于3m/s时，小车稳定运行的速度。

（3）回转速度：塔式起重机在最大额定起重力矩载荷状态、风速小于3m/s、吊钩位于最大高度时的稳定回转速度。

（4）行走速度：空载、风速小于3m/s，起重臂平行于轨道方向时塔式起重机稳定运行的速度。

2.2.6 尾部尺寸

下回转起重机的尾部尺寸是由回转中心至转台尾部（包括压重块）的最大回转半径。上回转起重机的尾部尺寸是由回转中心线至平衡臂转台尾部（包括平衡重）的最大回转半径。

2.2.7 结构重量

结构重量即塔式起重机的各部件的重量。结构重量、外形轮廊尺寸是运输、安装拆卸塔式起重机时的重要参数，各部件的重量、尺寸以塔式起重机使用说明书上标注的为准。

2.3 塔式起重机的组成及其工作原理

2.3.1 塔式起重机的组成

塔式起重机由金属结构、工作机构、电气系统和安全装置，以及与外部支撑的附加设施等组成。

（1）金属结构，由起重臂、平衡臂、塔帽、回转装置、顶升套架、塔身、底架和附着装置等组成；

（2）工作机构，包括起升机构、行走机构、变幅机构、回转机构、液压顶升机构等；

（3）电气系统，由驱动、控制等电气装置组成；

（4）安全装置，包括起重量限制器、起重力矩限制器、起升高度限位器、幅度限位器、回转限位器、运行限位器、小车断绳保护装置、小车防坠落装置、抗风防滑装置、钢丝绳防脱装置、报警装置、风速仪、工作空间限制器等。

2.3.2 塔式起重机的钢结构

塔式起重机的钢结构包括塔身、起重臂、平衡臂、塔帽、转台、顶升套架、底架。

（1）塔身

塔身是塔式起重机结构的主体，支撑着塔式起重机上部的重量和荷载的重量，通过底架和行走台车或直接传到塔式起重机基础上，其本身还要承受弯矩和垂直压力。塔身结构大多用角钢焊成，也有采用圆形、矩形钢管焊成的，现今塔式起重机均采用方形断面。它的腹杆形式有 K 字形、三角形、交叉腹杆等，如图 2-5 所示。

塔身标准节普遍采用螺栓连接、销轴连接两种方式，如图 2-6 所示。

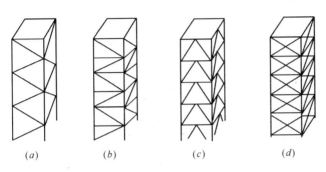

图 2-5 塔身的腹杆形式

（a）、（b）K 字形；（c）三角形；（d）交叉腹杆

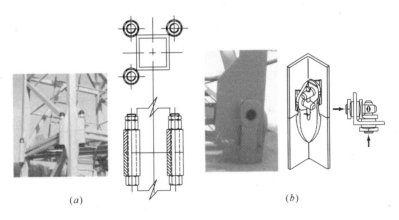

图 2-6 标准节连接构造示意图

（a）螺栓连接；（b）销轴连接

标准节有整体式和片装式两种，后者加工精度高，安装难度大，但是堆放占地小，运费少。塔身节内必须设置爬梯，以便工

作人员上下。

（2）起重臂

起重臂的形式有两种：动臂式臂架、水平臂式臂架，如图2-7所示。

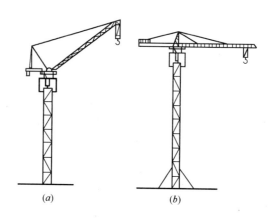

图 2-7 塔式起重机示意图
（a）动臂式；(b) 水平臂式

动臂式臂架如图 2-7（a）所示，臂架主要承受轴向压力，依靠改变臂架的倾角来实现塔式起重机工作幅度的改变。水平臂式臂架如图 2-7（b）所示，工作时臂架主要承受轴向力及弯矩作用，水平式臂架的主弦杆又作为小车移动的轨道，依靠起重小车在轨道上移动来实现塔式起重机工作幅度的改变。

目前塔式起重机常采用动臂式臂架和水平臂式臂架两类，动臂式臂架的截面以矩形为主，而水平臂式臂架常以三角截面为主。臂架的弦杆和腹杆可采用型钢和无缝钢管制成。

1）动臂式臂架

动臂式臂架如图 2-8（a）所示，在变幅平面的受力情况相当于简支梁的受力情况。臂架中间部分采用等截面平行弦杆，两端为梯形。臂架在回转平面相当于一根悬臂梁的受力情况，通常臂架制成顶部尺寸小、根部尺寸大的形式。为了便于运输、安装和拆卸，臂架中间部分可以制成若干段标准节，用螺栓连接。

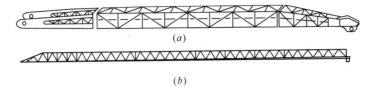

图 2-8 臂架示意图
(a) 动臂式臂架；(b) 水平臂式臂架

2) 水平臂式臂架

水平臂式臂架如图 2-9 所示，又称小车变幅式臂架，臂架根部通过销轴与塔身连接，在起重臂上设有吊点耳环通过拉杆（或钢丝绳）与塔帽顶部连接。吊点可设在臂架下弦，如图 2-9 (a) 所示，亦可设在上弦，如图 2-9 (b)、(c)。小车沿臂架下弦运行。

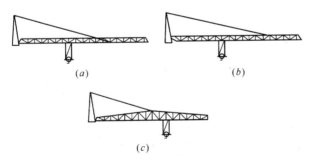

图 2-9 水平臂式臂架
(a) 吊点设在下弦；(b)、(c) 吊点设在上弦

起重臂一般分成若干节，以便于运输和拼装。节和节之间采用螺栓或销轴连接。

起重臂臂架截面一般有三种，如图 2-10 所示。

一般臂架截面采用三角形截面，图 2-10 (c) 所示为倒三角

113

形截面，图 2-10（a）、（b）为正三角形截面。

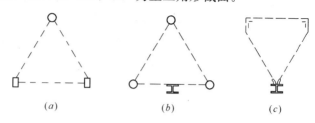

图 2-10 起重臂臂架截面
（a）、（b）正三角形截面；（c）倒三角形截面

（3）平衡臂

上回转塔式起重机均需设平衡臂，其功能是平衡起重力矩。除平衡重外，还常在其尾部装设起升机构。起升机构之所以同平衡重一起安放在平衡臂尾端，一是可发挥部分配重作用，二是可以增大钢丝绳卷筒与塔帽导轮间的距离，以利钢丝绳的排绕，避免发生乱绳现象。

1）平衡臂的形式

如图 2-11 所示，常用的平衡臂有以下几种形式：

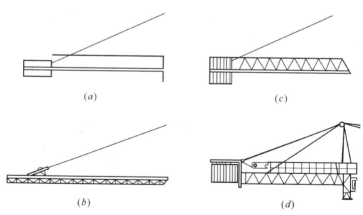

图 2-11 平衡臂示意图
（a）平面桁架式平衡臂；（b）倒三角形断面桁架式平衡臂；
（c）正三角形断面桁架式平衡臂；（d）矩形断面桁架结构平衡臂

①平面桁架式平衡臂，由两根槽钢纵梁或槽钢焊成的箱形断面组合梁和杆系构成，在桁架的上平面铺有走道板，道板两旁设有防护栏杆。这种臂架的结构特点是结构简单，易加工。

②三角形断面桁架式平衡臂，又分为正三角形和倒三角形两种形式，此类平衡臂的构造与平面框架式起重臂结构相似，但较为轻巧，适用于长度较大的平衡臂。

③矩形断面桁架结构平衡臂，承载能力较大。

2）平衡重

平衡重一般用钢筋混凝土或铸铁制成。平衡重的用量与平衡臂的长度成反比，与起重臂的长度成正比；平衡重的数量和规格应与不同长度的起重臂匹配使用，具体操作应按照产品说明书要求。

（4）塔帽和驾驶室

塔帽功能是承受起重臂与平衡臂拉杆传来的载荷，并通过回转支承等结构部件将载荷传递给塔身，也有些塔式起重机塔帽上设置主卷扬钢丝绳固定滑轮、风速仪及障碍指示灯。塔式起重机的塔帽结构形式有多种，较常用的有空间桁架式、人字架式及斜撑架式等形式。桁架式又分为直立式、前倾式或后倾式，如图2-12所示。

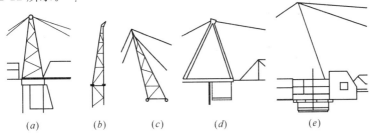

图 2-12 塔帽的结构形式

(a) 直立截锥柱式；(b) 前倾截锥柱式；(c) 后倾截锥柱式；
(d) 人字架式；(e) 斜撑架式

驾驶室一般设在塔帽一侧平台上,内部安置有操纵台和电子控制仪器盘。驾驶室内一侧附有起重特性表。

(5) 回转总成

回转总成由转台、回转支承、支座等组成,回转支承介于转台与支座之间,转台与塔帽连接,支座与塔身连接,如图 2-13 所示。

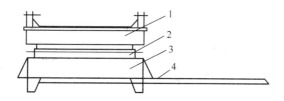

图 2-13　上回转塔式起重机回转总成结构示意图
1—转台;2—回转支承;3—支座;4—引进轨道

上回转塔式起重机的回转总成位于塔身顶部,用以承受转台以上全部结构的自重和工作载荷,并将上部载荷下传给塔身结构。转台装有一套或多套回转机构。

下回转塔式起重机的回转总成位于塔式起重机根部。

(6) 顶升套架

顶升套架由角钢、方形钢管或圆钢管制成,根据构造特点,顶升套架又分为整体式和拼装式,根据套架的安装位置也可分为外套架和内套架。塔式起重机在完成顶升过程后,结束后并与下支座连接牢固。有些塔式起重机在完成顶升过程以后,利用自身的液压顶升系统,将顶升套架落到塔身根部,其优点是可减轻风荷载对塔式起重机的不利影响,增加塔式起重机的稳定性。

(7) 底架

塔式起重机的底架是塔身的支座。塔式起重机的全部自重和载荷力矩都要通过它传递到底架下的混凝土基础或行走台车上。固定式塔式起重机一般采用预埋脚柱(支腿)、预埋节式或底架十字梁式（预埋地脚螺栓）。

（8）附着装置

当塔式起重机的工作高度超过其独立工作高度时，需要设置附着装置来增加其稳定性，附着装置的设置应根据塔式起重机的工作高度及时安装，塔式起重机附着应严格按照厂家说明书设置。

塔式起重机附着有多种形式，如图 2-14 所示。

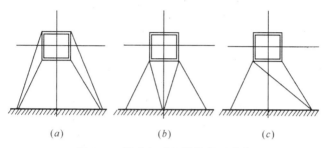

图 2-14　塔式起重机附着装置形式
（a）四联杆两点固定；（b）四联杆三点固定；（c）三联杆两点固定

2.3.3　塔式起重机的工作机构

塔式起重机的工作机构有起升机构、变幅机构、回转机构、液压顶升机构和行走机构等。

（1）起升机构

1）起升机构组成

起升机构通常由起升卷扬机、钢丝绳、滑轮组及吊钩等组成。

起升卷扬机由电动机、制动器、变速箱、联轴器、卷筒等组成，如图 2-15 所示。

电机通电后通过联轴器、变速箱带动卷筒转动，电机正转时，卷筒放出钢丝绳；电机反转时，卷筒收回钢丝绳，通过滑轮组及吊钩把重物提升或下降，如图 2-16 所示。

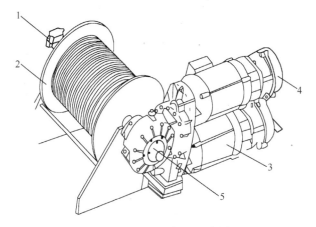

图 2-15 起升卷扬机示意图

1—限位器；2—卷筒；3—绕线异步电动机；4—制动器；5—减速器

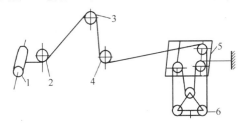

图 2-16 起升机构钢丝绳穿绕示意图

1—起升卷扬；2—排绳滑轮；3—塔帽导向轮；4—回转塔身导向滑轮；5—变幅小车滑轮组；6—吊钩滑轮组

2）起升机构滑轮组倍率

起升机构中常采用滑轮组，通过倍率的转换来改变起升速度和起重量。塔式起重机滑轮组倍率大多采用 2、4 或 6。当使用大倍率时，可获得较大的起重量，但降低了起升速度；当使用小倍率时，可获得较快的起升速度，但降低了起重量。

3）起升机构的调速

起升机构有多种速度，在轻载、空载以及起升高度较大时，均要求有较高的工作速度，以提高工作效率；在重载、运送大件物品以及被吊重物就位时，为了安全可靠和准确就位要求较低工作速度。起升机构的调速分有级调速和无级调速两类。

①有级调速

a. 绕线电机转子串电阻调速。这种调速通过在转子绕组中串接可变电阻,用操作手柄发出主令信号控制接触器,来切换电阻改变电机的转速,从而实现平稳启动和均匀调速的要求。有些绕线电机转子串接电阻调速,还可增加电磁换挡减速器,这种方式可使调速挡数增加一倍。

b. 变极调速。鼠笼式电机通过改变极数的方法可以获得高低两挡工作速度和一挡慢就位速度,基本上可满足塔式起重机的调速要求,使机构简化,但换挡时冲击较大,调速范围为 1∶8 左右,且不能较长时间低速运行。主要用于 40t·m 以下的轻小型塔式起重机。变极调速还可加上电磁换挡减速器可使调速挡数增加一倍,这种调速主要在起重能力 450~900kN·m 的塔式起重机上应用日趋普及。

c. 双速绕线式转子串电阻调速。该电机有两种极对数,通过串电阻和变极两种方式进行调速。

d. 双电机驱动调速。这种调速应用较多的是采用两台绕线型电机驱动。两台绕线型电机通过速比为 1∶2 的齿轮相连,一台作为驱动电机,另一台则用作制动电机。双电机调速也可采用一台绕线型电机加一台笼型电机或两台多速笼型电机驱动,可得到不同的调速特性。这种起升机构可在负载运动中调速,能以最大速度实现空钩下降,从而提高生产效率,吊载能精确就位,工作平稳,调速范围大,可达 1∶40。但机构相对复杂,其传动部件需专门设计制造。主要应用于大中型塔式起重机。

②无级调速

目前塔式起重机主卷扬调速主要是通过变频器对供电电源的电压和频率进行调节,使电动机在变换的频率和电压条件下以所需要的转速运转。可使电机功率得到较好的发挥,达到无级调速效果。

各种不同的速度挡位对应于不同的起重量，以符合重载低速、轻载高速度的要求。为了防止起升机构发生超载事故，有级变速的起升机构对载荷升降过程中的挡挡应有明确的规定，并应设有相应的载荷限制安全装置，如起重量限制器上应按照不同挡位的起重量分别设置行程开关。

4）起升机构的减速器形式

起升机构采用的减速器通常有：圆柱齿轮变速箱、蜗轮变速箱、行星齿轮变速箱等。如图 2-17 所示是一种圆柱齿变速箱的典型机构。

图 2-17 起升机构减速器

（2）变幅机构

塔式起重机的变幅机构也是一种卷扬机构，由电动机、变速箱、卷筒、制动器和机架组成。塔式起重机的变幅方式基本上有两类：一类是起重臂为水平形式，载重小车沿起重臂上的轨道移动而改变幅度，称为小车变幅式，如图 2-18 所示；另一类是利用起重臂俯仰运动而改变臂端吊钩的幅度，称为动臂变幅式。

动臂变幅塔式起重机在臂架向下变幅时，特别是允许带载变

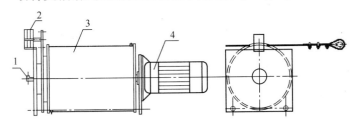

图 2-18 变幅机构示意图

1—注油孔；2—限位器；3—卷筒；4—电动机

幅时，整个起重臂与吊重一起向下运动，为防止失速坠落事故，国家标准规定，对能带载变幅的塔式起重机变幅机构应设有可靠的防止吊臂坠落的安全装置，如超速停止器等，当起重臂下降速度超过正常工作速度时，能立即制停。对于小车牵引机构，一般采用卷扬牵引方式。同时规定对采用蜗杆传动的小车牵引机构也必须安装制动器，不允许仅仅依靠蜗杆的自锁性能来制停。另外对于最大运行速度超过 40m/min 的小车变幅机构，为了防止载重小车和吊重在停止时，产生冲击，应设有慢速挡，在小车向外运行至起重力矩达到额定值的 80% 时，变幅机构应自动转换为慢速运行。小车变幅钢丝绳穿绕示意图，如图 2-19 所示。

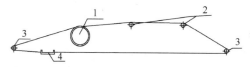

图 2-19 小车变幅钢丝绳穿绕示意图
1—滚筒；2—导向轮；3—臂端导向轮；4—小车

（3）回转机构

塔式起重机回转机构由电动机、液力耦合器、制动器、变速箱和回转小齿轮等组成，如图 2-20 所示。

所用的变速箱主要有蜗轮蜗杆变速箱、行星齿轮变速箱和摆线针轮减速箱等几种。

塔式起重机回转机构具有调速和制动功能，调速系统主要有涡流制动绕线电机调速、多挡速度绕线电机调速、变频调速和电磁联轴节调速等，后两种可以实现无级调速，性能较好。

现代塔式起重机的起重臂较长，其侧向迎风面积较大，塔身所承受的风载产生

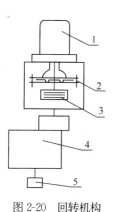

图 2-20 回转机构示意图
1—电动机；2—液力耦合器；3—盘式制动器；4—变速箱；5—小齿轮

很大的扭矩，甚至发生破坏，所以标准规定，在非工作状态下，回转机构应保证臂架自由转动。根据这一要求，塔式起重机的回转机构一般均采用常开式制动器，即在非工作状态下，制动器松闸，使起重臂可以随风向自由转动，臂端始终指向顺风的方向。

（4）行走机构

塔式起重机行走机构作用是驱动行走塔式起重机沿轨道行驶，配合其他机构完成垂直运输工作。图 2-21 所示为一种行走机构的实物图。

图 2-21　行走机构

行走机构是由驱动装置和支承装置组成，其中包括：电动机、减速箱、制动器、行走轮或者台车等。

1）行走台车

行走台车分有动力装置（主动）和无动力装置（从动），它把起重机的自重和载荷力矩通过行走轮传递给轨道。部分行走台车为了促使两个车轮同时着地行走，一般均设计均衡机构。

行走台车架端部装有夹轨器，其作用是在非工作状况或安装阶段钳住轨道，以保证塔式起重机的自身稳定。

2）行走支腿与底架平台（下回转塔式起重机）

塔式起重机的行走支腿与底架平台主要是承受塔式起重机载荷，并能保证塔式起重机在所铺设的轨道上行走。

底架与支腿之间的结构形式有三种：

①水母式

行走支腿底架销轴作水平方向转动。它可在曲线轨道上行走，但在平时需用水平支撑相互固定。

②井架式

支腿与底架连成一体成井字形。制造简便，底架上空间高度大，安放压铁较容易，但安装麻烦。底架平台上的平衡压重铁有两种：一种是钢筋混凝土预制，成本低；另一种是铸铁制成，比重大，体积小。

③十字架式

支腿与底架连成十字形。结构轻巧，用钢量省，占用高度空间小。缺点是用作行走时，塔式起重机不能作弯轨运行。

（5）液压顶升机构

液压顶升系统一般由液压泵、液压缸、操纵阀、液压锁、油箱、滤油器、高低压管道等元件组成如图2-22所示。

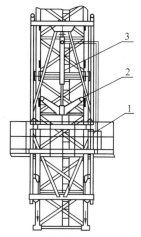

图2-22 顶升机构示意图
1—液压装置；2—顶升横梁；
3—顶升油缸

液压顶升机构工作原理：利用液压泵将原动机的机械能转换为液体的压力能，通过液体压力能的变化来传递能量，经过各种控制阀和管路的传递，借助于液压缸把液体压力能转换为机械能，从而驱动活塞杆伸缩，实现直线往复运动。

自升式塔式起重机的加节和降节通过液压顶升机构来实现。

2.3.4 塔式起重机的电气系统

塔式起重机的电气系统是由电源、电气设备、导线和低压电器组成的。从塔式起重机配备的开关箱接电，通过电缆送至驾驶室内空气开关再到电气控制柜，由设在操作室内的万能转换开关或联动台发生主令信号，对塔式起重机各机构进行操作控制。

（1）塔式起重机的电源

塔式起重机的电源一般采用380V、50Hz，三相五线制供电，工作零线和保护零线分开。工作零线用作塔式起重机的照明等

220V的电气回路中。专用保护零线，常称 PE 线，首端与变压器输出端的工作零线相连，中间与工作零线无任何连接，末端进行重复接地。由于专用保护零线通常无电流流过，保护零线接在设备外壳上，不会产生任何电压，因此能起到比较可靠的保护作用。

（2）塔式起重机的电路

1）主电路：主电路是指从供电电源通向电动机或其他大功率电气设备的电路，主电路上的电流从几安培到几百安培。此电路还包括连接电机或大功率电气设备的开关、接触器、控制器等电器元件。

2）控制电路：控制电路中有接触器、继电器、主令开关、限位器以及其他小功率电器元件等。

3）辅助电路：辅助电路包括照明电路、信号电路、电热采暖电路等。可以根据不同情况与主电路或控制电路相连。

（3）电气设备

塔式起重机的电气设备包括电机、控制电器（接触器、继电器、制动器）、保护电器（空气开关、限位开关、漏电保护器）、电阻器、配电柜、连接线路等。

1）电机

塔式起重机一般采用交流电动机，按类型分为笼型异步电动机、绕线转子异步电动机等。其中，绕线转子异步电动机以其启动转矩大、启动平稳、控制简单等优点而应用最广。塔式起重机原采用的 JZ_2、JZR_2 系列电动机，现已由 YZ、YZR 系列电动机所代替。

2）控制电器

控制电器用来控制绕线转子异步电动机的启动、停止、制动和反转，并可按一定次序切换电路中的一段电阻，以调节电动机转速。

①接触器、继电器

广泛应用于塔式起重机电气系统中，可频繁地接通断开，用以控制电器的运行。

②制动器

塔式起重机所有工作机构都装有制动器。制动器按结构形式分有瓦式和盘式；按驱动形式主要有液力推杆和电磁作用，通过弹簧和传力杆件作用于制动副，使制动副松开或抱紧，从而实现制动的功能。

3）保护器

①自动空气开关，自动空气开关可以在电路发生故障时（短路、过载或失压）自动分开、切断电源（即自动跳闸）。

②限位开关，限位开关是用来控制接触器或继电器的线圈电路接通或断开的。它是通过机械或其他物件的碰撞，利用其撞块的压力使限位开关的触头闭合或断开，作为行程控制和限位控制，用于塔式起重机各工作机构的安全保护。

4）电阻器

在绕线转子异步电动机转子回路中接入电阻器，能限制启动电流，调节电动机的转速。

2.4 塔式起重机结构图

2.4.1 上回转小车变幅式塔式起重机

如图2-23所示，为上回转小车变幅式塔式起重机结构图。

2.4.2 上回转平头式小车变幅塔式起重机

如图2-24所示，为上回转平头式小车变幅塔式起重机结构图。

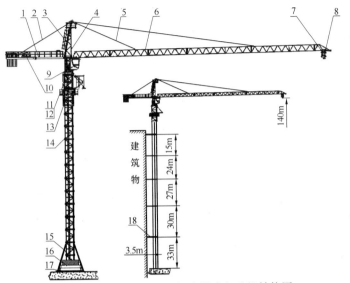

图 2-23 上回转小车变幅式塔式起重机结构图

1—平衡臂；2—平衡臂拉杆；3—塔顶；4—力矩限制器；5—起重臂拉杆；
6—起重臂；7—变幅小车；8—吊钩；9—司机室；10—起升机构；11—上支座；
12—下支座；13—套架；14—标准节；15—加强节；16—中心压重；
17—十字底梁；18—附着装置

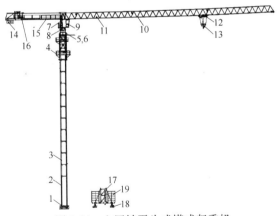

图 2-24 上回转平头式塔式起重机

1—固定脚；2—过渡节；3—标准节；4—顶升套架；5—上回转；
6—下回转；7—塔头；8—回转机构；9—司机室；10—起重臂；
11—变幅机构；12—变幅小车；13—吊钩；14—配重；15—平衡臂；
16—起升机构；17—压重架；18—行走台车；19—压重

126

2.4.3 内爬式动臂塔式起重机

如图 2-25 所示，为内爬式动臂塔式起重机结构图。

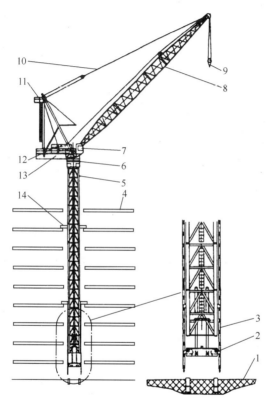

图 2-25 内爬式动臂塔式起重机
1—固定基础；2—爬升梁；3—爬梯；4—楼板；5—标准节；
6—回转支承；7—驾驶室；8—起重臂；9—吊钩；10—拉杆；
11—桅杆平台；12—起升机构；13—平衡臂；14—爬升框

3 塔式起重机的稳定性

3.1 塔式起重机基础

塔式起重机在安装前，施工单位应根据塔式起重机使用说明书的要求和安装地点的地质情况，对塔式起重机基础的地基承载力进行相应的复核，以确保塔式起重机安装及使用的安全。

不同地区地基承载力差别很大，因此我们必须对塔式起重机混凝土基础下地基承载能力进行复核，当地基承载能力达不到说明书规定的强度要求时，应采取增补桩基等相应的技术措施予以弥补。

3.1.1 整体式钢筋混凝土基础

固定式、附着式及内爬式塔式起重机一般采用整体式钢筋混凝土基础。

整体式钢筋混凝土基础大多采用方形基础，如图 3-1 所示，这是施工现场最常用的一种基础形式。该类型基础的特点是能靠近建筑物，增大塔式起重机的有效作业面，混凝土基础本身还起到压重的作用。

内爬式塔式起重机的初始安装基础同固定式塔式起重机，一般安装在建筑物内，如：电梯井、核心筒或楼层内。塔式起重机随着建筑物上升而上升。上升时内爬式塔式起重机离开初始安装的基础，通过钢梁及自身的内爬框架（环梁）支承在建筑物内。

整体式基础可与建筑物结构融为一体（如与建筑物地下室底板或地基基础等），既可以节省混凝土基础的制作成本费用，又能进一步确保塔式起重机基础的整体稳定。

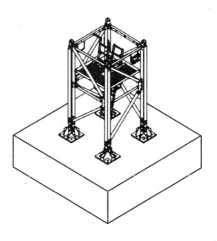

图 3-1 方形基础

混凝土基础的混凝土强度等级应不低于使用说明书规定的级别。混凝土基础如果埋设在地面以下，应设置排水措施并确保排水功能。

3.1.2 分体式钢筋混凝土基础

十字梁底架的固定式塔式起重机也可采用分体式钢筋混凝土基础，如图 3-2 所示。塔式起重机的十字梁底架的四角分别安装在四块钢筋混凝土基础上。混凝土尺寸应按混凝土基础下地基强度来决定。不同型号的塔式起重机应按照塔式起重机使用说明书的要求，确定混凝土基础的边长与高度尺寸。分体式混凝土基础

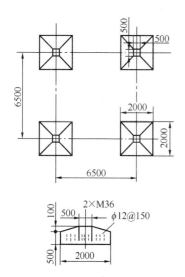

图 3-2 分体式钢筋混凝土基础

内的钢筋配筋，必须按使用说明书执行，若有特殊要求，应由施工单位进行强度设计，并提供具体的技术文件落实施工。

3.1.3 轨道式基础

行走式塔式起重机一般采用以钢轨、混凝土路基、碎石基础或钢板路基箱为基础，如图 3-3 所示。

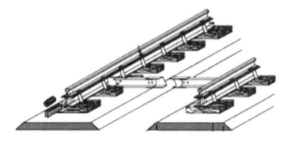

图 3-3 钢轨、混凝土路基基础

轨道式基础应按照塔式起重机使用说明书规定的混凝土路基承载等级进行选择、设置及施工。

（1）行走式塔式起重机的轨道基础在施工前，应对所选址地下部分的管道、电缆、光缆及相关的建筑物进行明确的勘察（或确切信息的掌握），并采取相应的技术措施。

（2）路基的两侧应设置排水沟，确保路基不积水。

（3）路基的钢轨必须有完善可靠的接地装置。

（4）具体的轨道基础施工（包括：路轨、枕木、螺栓、压板、连接板等质量标准）应按相关技术标准进行施工，并进行动、静载荷的负荷试验验收合格后方能投入运行。

3.1.4 钢格构柱承台式钢筋混凝土基础

在高层建筑施工中，因受施工场地限制，深基坑及多层地下室施工复杂的需要,塔式起重机往往不能按常规安装。

为解决这一矛盾,实现塔式起重机起重臂最大有效工作面的覆盖,满足地下室施工的需要,塔式起重机基础可采用钢格构柱承台式钢筋混凝土基础,如图3-4所示。该基础充分利用施工现场的空间,提高了塔式起重机的利用率。

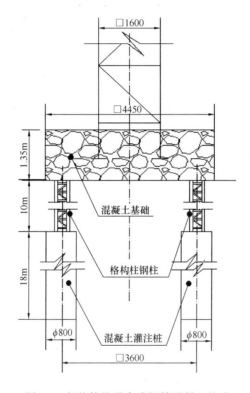

图3-4 钢格构柱承台式钢筋混凝土基础

钢格构柱承台式基础施工步骤是:

(1)在选定的塔式起重机位置上,按地质报告提供的相关土层资料进行设计,一般施工4根钻孔灌注桩桩基,将预制的钢格构柱与灌注桩桩基的钢筋笼焊接后,同时浇筑钻孔灌注桩桩基的混凝土。

(2)钢格构柱上端露出地面,并在上端浇筑钢筋混凝土承台或设置钢梁承台，然后安装塔式起重机，再开挖土方投入施工。

钢格构柱在塔式起重机与基础间起着承上启下的连接作用，也可定性为塔身的延伸。故钢格构柱应参照塔式起重机的技术参数，按照现行国家标准《钢结构设计规范》（GB 50017）的要求进行设计与制作。

3.1.5 轨道式塔式起重机改作固定式时的基础处理

在高层建筑施工中，经常要将前期为行走式塔式起重机改为固定式使用，在这种情况下，应对轨道基础作如下处理：

（1）对需要固定的位置范围内的路基加实，特别是轨道悬空部位。并对行走轮下的轨道及枕木作填充密实处置。

（2）固定前应对钢轨进行找平，固定后将夹轨器夹紧钢轨。必要时，在走轮与钢轨处用锲块紧固。

3.2 塔式起重机的附着装置

在附着式塔式起重机的实际应用中，当塔式起重机的使用高度超过其规定的独立高度时，应按塔式起重机的使用说明书的规定设置附着装置。

3.2.1 附着装置的作用

附着装置一般有附着框、附着杆及锚固件等组成。

附着框（锚固框）是由型钢、钢板拼焊成的箱形钢结构，如图3-5所示。附着杆是用角钢、槽钢、工字钢或方钢管及圆钢管等型钢制作。附着框、附着杆应由塔式起重机生产厂商提供。

附着装置主要作用是增加塔式起重机的使用高度，保持塔式起重机的稳定性。附着装置受力的大小与塔式起重机的悬臂高度和两道附着装置之间垂直距离有关。附着装置安装完毕后通过附着杆将塔式起重机附着力传递到建筑物上。

对于有多道附着的塔式起重机，其最高一道附着装置以上的悬臂塔身根部将承担较大载荷，最高一道附着装置承载的载荷比例也最大。

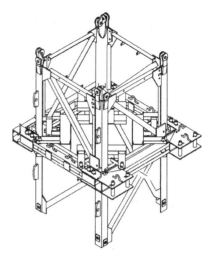

图 3-5 附着框

3.2.2 附着杆的安装

（1）附着杆提倡选用可调整型的。附着杆端部有耳环与建筑物附着点与附着框铰接。同步调整附着杆的长度，亦可调整塔式起重机塔身轴线的垂直度。

（2）每道附着杆安装应尽量保持水平。两道相临的附着杆垂直间距一定要符合说明书的要求。垂直间距过大或过小都会对塔身受力及附着杆产生影响。

（3）可调整型附着杆在安装时，每根附着杆不可马上紧固，待附着杆全部就位后，逐步调整每根附着杆的调节丝杆，使之符合塔式起重机塔身垂直度的要求。调整中，塔式起重机不得作任何起升、回转等动作。

目前，部分塔式起重机生产厂家能提供按其设计长度的附着杆，仅能满足使用说明书规定塔式起重机中心与建筑物墙面的间距，但在具体的实际施工中，由于受到种种因素的制约，往往尺寸超过说明书规定，有的甚至超过此尺寸2～3倍（如：塔式起重机用于桥梁主塔建筑的施工），这时需重新设计、制作附着杆。

特殊附着杆应由施工单位委托塔式起重机厂家按照塔式起重机与建筑物的设置距离进行设计、制作。

3.3 塔式起重机的稳定性

塔式起重机的稳定性，是指塔式起重机在自重和外载荷的作用下抵抗翻倒的能力。塔式起重机存在着整机稳定性及安装过程的稳定性问题。

影响塔式起重机稳定性的荷载主要有自重荷载、起升荷载、风荷载和惯性荷载。保持塔式起重机稳定的作用力是塔式起重机的自重和压重；引起塔式起重机倾翻的作用外力是风荷载、吊载和惯性力。

3.3.1 塔式起重机使用的稳定性

（1）大风天气禁止操作塔式起重机

风荷载不仅取决于塔式起重机塔身结构迎风面积的大小，而且与塔身的安装高度有密切关系。虽然在设计时塔式起重机已考虑了风力的作用，但由于六级及以上大风对塔式起重机的稳定性不利，因此在遇有六级及以上大风时，不准操作。

（2）严禁违章超载和斜吊作业

塔式起重机操作中严禁超载，一方面是考虑起重机本身结构安全，另一方面是考虑稳定性的需要，因为起重量愈大，产生的倾翻力矩也愈大,很容易使起重机翻车。

塔式起重机的正确操作应该是垂直起吊,斜吊重物等于加大了起重力矩,斜度愈大,倾翻力矩愈大,稳定系数就愈小,因此禁止斜吊重物。

3.3.2 塔式起重机安装拆卸过程的稳定性

(1) 严格按照安装拆卸顺序进行作业

在塔式起重机安装拆卸过程中,一般都由辅助起重设备来安装或拆卸平衡臂、平衡重、起重臂,由于安装拆卸平衡臂、平衡重、起重臂的过程中对塔身均产生不平衡力矩,需控制在设计值范围之内,所以在安装拆卸顺序上一定要按照使用说明书和安装方案实施,安装过程中严禁随意改变规定的安装顺序,否则,会引起塔式起重机倾翻事故。

(2) 保持标准节顶升下降过程的平衡

对于利用液压机构进行升降作业的塔式起重机,在顶升下降油缸作业时,塔式起重机上部构造相对油缸支承点应尽可能处于平衡状态,即塔式起重机上部结构的重量及对支点的力矩是定值,只能通过调整该塔式起重机的变幅小车位置及其吊重所产生的前倾力矩来平衡。如果小车位置和吊重的重量不符合要求,会造成前后倾力矩不平衡,增加顶升作业时的阻力。

在顶升作业时,严禁塔式起重机回转作业,因为塔式起重机回转中心与顶升油缸支承点并非一点,回转后上部结构重量会对顶升油缸支承点产生侧向的倾覆力矩,严重时发生塔式起重机上部倾倒事故。

套架与塔身标准节之间设有两组滚轮,在设计范围内的不平衡力矩均可由套架滚轮以水平力形式平衡。在顶升作业时,应调整滚轮与塔身标准节之间间隙,使套架两组滚轮与塔身标准节之间的间隙基本一致。

4 塔式起重机的安全装置

安全装置是塔式起重机的重要组成部分，其作用是保证塔式起重机在允许载荷和工作空间中安全运行，防止误操作而导致严重后果，保证设备和人身的安全。

4.1 安全装置的类型

4.1.1 限位开关

限位开关又称为限位器，根据其作用范围可分为：
（1）起升高度限位器
用以防止吊钩行程超越极限，以免碰坏起重机臂架结构和出现钢丝绳乱绳现象。

对于所有形式塔式起重机，当钢丝绳下降松弛可能造成卷筒乱绳或反卷时应设置下限位器，在吊钩不能再下降或卷筒上钢丝绳只剩 3 圈时应能立即停止下降运动。

对动臂变幅的塔式起重机，当吊钩装置顶部升至起重臂下端的最小距离为 800mm 处时，应能立即停止起升运动，对没有变幅重物平移功能的动臂变幅的塔式起重机，还应同时切断向外变幅控制回路电源，但应有下降和向内变幅运动。

对小车变幅的塔式起重机，吊钩装置顶部升至小车架下端的最小距离为800mm处时,应能立即停止起升运动,但应有下降运动。

(2) 幅度限位器

1) 小车变幅幅度限位器

用以使小车在到达臂架端部或臂架根部之前停车,防止小车发生越位事故的装置。

2) 动臂变幅幅度限位器

用以阻止臂架向极限位置变幅,防止臂架倾翻的装置。

对动臂变幅的塔式起重机,设置幅度限位开关,在臂架到达相应的极限位置前开关动作,用以停止臂架往极限方向变幅;对小车变幅的塔式起重机,设置小车行程限位开关和终端缓冲装置,用以停止小车往极限位置变幅,限位开关动作后应保证小车停车时其端部距缓冲装置最小距离为200mm。

(3) 回转限位器

用以限制塔式起重机的回转角度,以免扭断或损坏电缆。

凡是不装设中央集电环的塔式起重机,均应配置正反两个方向回转限位开关,开关动作时臂架旋转角度应不超过±540°,塔式起重机回转部分在非工作状态下应能自由旋转。

(4) 运行限位器

用于行走式塔式起重机,限制大车行走范围,防止出轨。

对于轨道运行的塔式起重机,每个运行方向应设置限位装置,其中包括限位开关、缓冲器和终端止挡。应保证开关动作后塔式起重机停车时其端部距缓冲器最小距离为1000mm,缓冲器距终端止挡最小距离为1000mm。

4.1.2 超载保护装置

(1) 起重力矩限制器

用以防止塔式起重机因超载而导致的整机倾翻事故。

当起重力矩大于相应幅度额定值并小于额定值110%时,应切断上升和幅度增大方向的电源。但机构可作下降和减少幅度方向的运动。如设有起重力矩显示装置,则其数值误差不应大于实际值的±5%。目前使用的有机械式力矩限制器和电子式力矩限制器。

对小车变幅的塔式起重机,其最大变幅速度超过40m/min,在小车向外运行,且起重力矩达到额定值的80%时,变幅速度应自动转换为不大于40m/min的速度运行。

(2) 起重量限制器

起重量限制器是用于防止塔式起重机作业时起升荷载超载的一种安全装置。

塔式起重机如设有起重量显示装置,则其数值误差不应大于实际值的±5%。当起重量大于相应挡位的额定起重量并小于110%时,应切断上升方向电源,但机构可作下降方向的运动。

4.1.3 止挡保护装置

(1) 小车断绳保护装置

用以防止变幅小车牵引绳断裂导致小车失控。

对小车变幅塔式起重机,应设置双向小车变幅断绳保护装置,用以防止小车牵引绳断裂导致小车失控而引起的事故。

(2) 小车防坠落装置

用以防止因变幅小车车轮失效而导致小车脱离臂架坠落。

对小车变幅塔式起重机应设置小车防坠落装置,即使车轮失效,也能够保证小车不脱离臂架坠落。

(3) 钢丝绳防脱装置

用来防止滑轮、起升卷筒及动臂变幅卷筒等钢丝绳脱离滑轮或卷筒。

滑轮、起升卷筒及动臂变幅卷筒均应设置钢丝绳防脱装置,该装置表面与滑轮或卷筒侧板外缘间的间隙不应超过钢丝绳直径的20%,与钢丝绳接触的表面不应有棱角。

(4) 顶升防脱装置

用以防止自升式塔式起重机在正常加节、降节作业时,顶升装置从塔身支承中或油缸端头的连接结构中自行脱出。

(5) 抗风防滑装置(夹轨器)

对轨道运行的塔式起重机,应设置非工作状态抗风防滑装置,用以防止行走式塔式起重机在遭遇大风时自行滑行,造成倾翻。

(6) 缓冲器、止挡装置

塔式起重机行走和小车变幅的轨道行程末端均需设置止挡装置。缓冲器安装在止挡装置或塔式起重机(变幅小车)上,当塔式起重机(变幅小车)与止挡装置撞击时,缓冲器应使塔式起重机(变幅小车)较平稳地停车而不产生猛烈的冲击。

4.1.4 报警及显示记录装置

(1) 报警装置

用以在塔式起重机载荷达到规定值时,向塔式起重机司机自动发出声光报警信息。

在塔式起重机达到额定起重力矩或额定起重量的90%以上时,装置应能向司机发出断续的声光报警。在塔式起重机达到额定起重力矩或额定起重量的100%以上时,装置应能发出连续清晰的声光报警,且只有在降低到额定工作能力100%以内时报警才能停止。

(2) 显示记录装置

用以以图形或字符方式向司机显示塔式起重机当前主要工作参数和额定能力参数。

塔式起重机应安装有显示记录装置。主要工作参数至少包含当前工作幅度、起重量和起重力矩；额定能力参数至少包含幅度及对应的额定起重量和额定起重力矩。

（3）风速仪

用以发出风速警报，提醒塔式起重机司机及时采取防范措施。

对起重臂铰点高度超过50m的塔式起重机，应配备风速仪，当风速大于工作允许风速时，应能发出停止作业的警报。

（4）工作空间限制器

用户需要时，塔式起重机可装设工作空间限制器。对单台塔式起重机，工作空间限制器应在正常工作时，根据需要限制塔式起重机进入某些特定的区域或进入该区域后不允许吊载。对群塔，该限制器还应限制塔式起重机的回转、变幅和整机运行区域以防止塔式起重机之间机构、起升绳或吊重发生相互碰撞。

4.2 安全装置的构造和工作原理

4.2.1 起重量限制器

（1）起重量限制器的作用

当起升载荷超过额定载荷时，起重量限制器能输出电信号，切断起升控制回路，并能发出警报，达到防止起重机超载的目的。

现行国家标准《塔式起重机安全规程》（GB 5144）中规定：

塔式起重机应安装起重量限制器。如设有起重量显示装置，则其数值误差不得大于实际值的5%；当起重量大于相应挡位的最大额定值并小于额定值的110%时，应切断起升机构上升方向的电源，但可作下降方向的运动。

（2）构造和工作原理

目前最常用的起重量限制器的结构形式为测力环式，它是由测力环、导向滑轮及限位开关等部件组成。其特点是体积紧凑，性能良好以及便于调整。FO/23B、QT80等塔式起重机普遍采用这种结构形式。如图4-1所示为起重量限制器外形及工作原理图。测力环的一端固定于塔式起重机机构的支座上，另一端则固定在导向滑轮轴上。

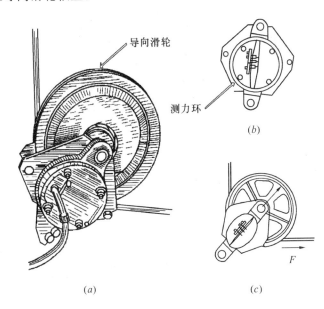

图4-1 FO/23B塔式起重机起重量限制器外形及工作原理图
(a) 外形；(b) 内部构造；(c) 负荷大或超载时

工作原理：塔式起重机吊载重物时，滑轮受到钢丝绳合力作用时，将此力传给测力环，测力环的变形与载荷成一定的比例。根据起升载荷的大小，滑轮所传来的力大小也不同。测力环外壳随受力产生变形，测力环内的金属板条与测力环壳体固接，并随壳体受力变形而延伸，此时根据载荷情况来调节固定在金属板条上的调整螺栓与限位开关距离，当载荷超过额定起重量使限位开关动作，从而切断起升机构的电源，达到对起重量超载进行限制的目的。

4.2.2 起重力矩限制器

（1）起重力矩限制器的作用

起重力矩限制器是塔式起重机重要的安全装置之一，塔式起重机的结构计算和稳定性验算均是以最大额定起重力矩为依据，起重力矩限制器的作用就是控制塔式起重机使用时不得超过最大额定起重力矩，防止超载。

现行国家标准《塔式起重机安全规程》（GB 5144）中规定：塔式起重机应安装起重力矩限制器。当起重力矩大于相应工况下额定值并小于额定值的110%时，应切断上升和幅度增大方向的电源，但机构可作下降和减小幅度方向的运动。

力矩限制器仅对在塔式起重机垂直平面内起重力矩超载时起限制作用，而对由于吊钩侧向斜拉重物、水平面内的风载、轨道的倾斜和塌陷引起的水平面内的倾翻力矩不起作用。因此操作人员必须严格遵守安全操作规程，不能违章作业。

（2）构造和工作原理

起重力矩限制器分为机械式和电子式，机械式中又有杠杆式和弓板式等多种形式。其中弓板式起重力矩限制器因结构简单，目前应用比较广泛。弓板式力矩限制器主要安装在塔帽的主弦杆上。

弓板式力矩限制器由调节螺栓、弓形钢板、限位开关等部件组成，其结构形式如图 4-2 所示。

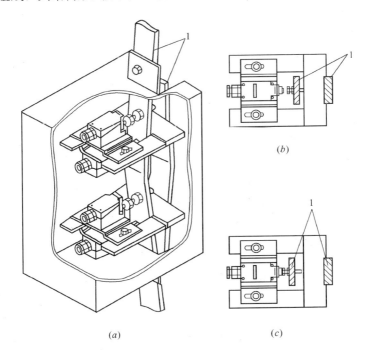

图 4-2　弓板式力矩限制器的构造及工作原理图
（a）构造；（b）载荷较小时；（c）超载时
1—弓板

其工作原理如下：塔式起重机吊载重物时，由于载荷的作用，塔帽的主弦杆产生压缩变形，载荷越大，变形越大。这时力矩限制器上的弓形钢板也随之变形，并将弦杆的变形放大，使弓板上的调节螺栓与限位开关的距离随载荷的增加而逐渐缩小。当载荷达到额定载荷时，通过调整调节螺栓触动限位开关，从而切断起升机构和变幅机构的电源，达到限制塔式起重机的吊重力矩载荷的目的。

4.2.3 限位器

(1) 起升高度限位器

起升高度限位器用来防止可能出现的操纵失误。以免起升时碰坏起重机臂架结构，降落时防止卷筒上的钢丝绳完全松脱甚至反方向缠绕在卷筒上。

对于动臂式变幅的塔式起重机，起升高度限位器一般由碰杆、杠杆、弹簧及行程开关组成，多固定于吊臂端头。

如图 4-3 所示为一重锤式起升高度限位器。图 4-3 中重锤 4 通过钩环 3 和限位器的钢丝绳 2 与终点开关 1 的杠杆相连接。在重锤处于正常位置时，终点开关触头闭合。如吊钩上升，托住重锤并继续略微上升以解脱重锤的重力作用，则终点开关 1 的杠杆

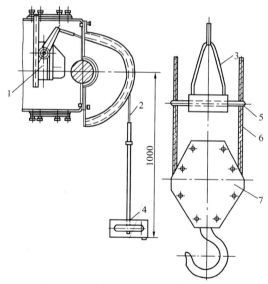

图 4-3 重锤式起升高度限位器构造简图

1—终点开关；2—限位器钢丝绳；3—钩环；4—重锤；
5—导向夹圈；6—起重钢丝绳；7—吊钩滑轮

便在弹簧作用下转动一个角度，使起升机构控制回路触头断开，从而停止吊钩上升。

对于小车变幅水平臂架的自升式塔式起重机，起升高度限位器一般安装在起升机构的卷筒轴端。如图 4-4 所示。

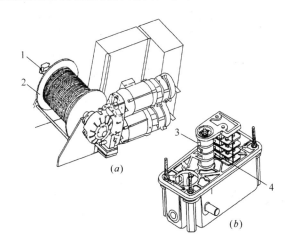

图 4-4　FO/23B 塔式起重机起升高度限位器的构造及工作原理图
1—限位器；2—卷筒；3—凸轮块；4—断电器

多功能限位器由传动系统（减速装置）和行程开关组成，限位器装在卷筒一端直接由卷筒带动，也可由固定于卷筒上的齿圈与小齿轮啮合来驱动。减速装置驱动若干个凸轮块 3，这些凸块作用于断电器 4 来切断相应的运动。

（2）回转限位器

最常用的回转限位器是由带有减速装置的限位开关和小齿轮组成，限位器固定在塔式起重机回转上支座结构上，小齿轮与回转支承的大齿圈啮合。

图 4-5 所示为一回转限位器的安装位置图。

当回转机构电动机 2 驱动塔式起重机上部转动时，通过大齿圈带动回转限位器的小齿轮 7 转动，塔式起重机的回转圈数即被

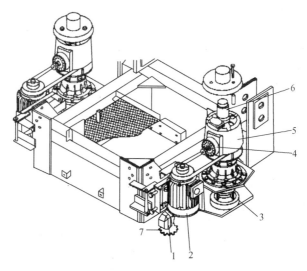

图 4-5 塔式起重机回转限位器的安装位置
1—传动限位开关；2—电动机；3—行星减速器及小齿轮；4—制动器；
5—电磁离合器；6—减速电动机；7—限位开关小齿轮

记录下来，限位器的减速装置带动凸轮，凸轮上的凸块压下微动开关，从而断开相应的回转控制回路，停止回转运动。

（3）幅度限位器

1）小车变幅式塔式起重机幅度限位器

对于水平臂架小车变幅的塔式起重机，幅度限位器的作用是使变幅小车行驶到最小幅度或最大幅度时，断开变幅机构的单向工作电源，以保证小车的安全运行。原理同起升限位器，一般安装在小车变幅机构的卷筒一侧，利用卷筒轴伸出端带动凸轮块压下限位开关动作。

图 4-6 所示为水平变幅的幅度限位器的构造。

幅度限位器包括凸轮组 1、断电器 2 和减速装置。当变幅机构工作时，根据记录的卷筒旋转圈数即可知道放出的绳长，卷筒驱动减速装置，减速装置带动若干个凸轮组转动，这些凸轮作用

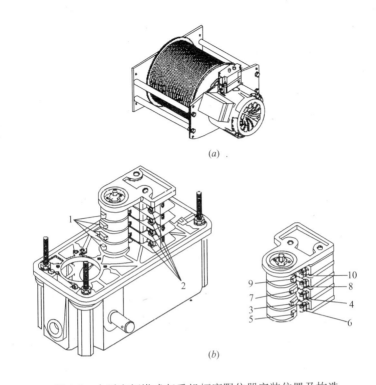

图 4-6 水平变幅塔式起重机幅度限位器安装位置及构造

1—凸轮组；2—断电器；4、6、8、10—断电触头；3、5、7、9—凸轮

于微动开关，从而切断变幅相应的控制回路，此时变幅小车只能向反方向运行。

2) 动臂式塔式起重机幅度限位器

对于动臂式塔式起重机应设置臂架低位和臂架高位的幅度限位开关，以及防止臂架反弹后翻的装置。动臂式塔式起重机还应安装幅度指示器，以便司机能及时掌握幅度变化情况并防止臂架仰翻造成重大破坏事故。

图 4-7 所示为动臂式塔式起重机的一种幅度指示器，具有指明俯仰变幅动臂工作幅度及防止臂架向前后翻仰两种功能，装设于塔顶右前侧臂根铰点处。

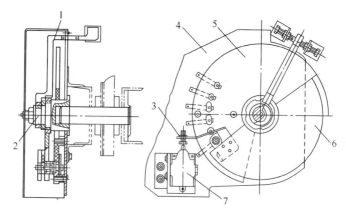

图 4-7 动臂式塔式起重机幅度限制指示器
1—拨杆；2—心轴；3—弯铁；4—座板；
5—刷托；6—半圆形活动转盘；7—限位开关

图 4-7 中所示的幅度指示及限位装置由一半圆形活动转盘、刷托、座板、拨杆、限位开关等组成，拨杆随臂架俯仰而转动，电刷根据不同角度分别接通指示灯触点，将起重臂的不同仰角通过灯光亮熄信号传递到上下司机室的幅度指示盘上。当起重臂与水平夹角小于极限角度时，电刷接通蜂鸣器而发出警告信号，说明此时并非正常工作幅度，不得进行吊装作业。当臂架仰角达到极限角度时，上限位开关动作，变幅电路被切断电源，从而起到保护作用。从幅度指示盘的灯光信号的指示，塔式起重机司机可知起重臂架的仰角以及此时的工作幅度和允许的最大起重量。

图 4-8 所示为机械式动臂式塔式起重机的幅度限制器。

当吊臂接近最大仰角和最小仰角时，夹板 2 中的挡块 3 便推动安装于臂根铰点处的限位开关 4 的杠杆传动，从而切断变幅机构的电源，停止吊臂的变幅动作。可通过改变挡块 3 的长度来调节限制器的作用过程。

（4）运行（行走）限位器

对于轨道运行的塔式起重机，每个运行方向应设置限位装置，限位装置由限位开关、缓冲器和终端止挡器组成。缓冲器是用来保证轨道式塔式起重机能比较平稳的停车而不致于产生猛烈的撞击。其位置安装在距轨道末端挡块最小距离为1m。如图4-9所示，为一大车运行限位器，通常装设于行走台车的端部，前后台车各设一套，可使塔式起重机在运行到轨道基础端部缓冲止挡装置之

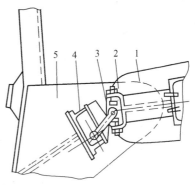

图4-8 动臂式塔式起重机幅度限制器的构造
1—起重臂；2—夹板；3—挡块；
4—终点开关；5—臂根支座

前完全停车。限位器由限位开关、摇臂、滚轮和碰杆等组成，限位器的摇臂居中位时呈通电状态，滚轮有左右两个极限工作位置。铺设在轨道基础两端的位于钢轨近侧的坡道碰杆起着推动滚轮的作用，根据坡道斜度方向，滚轮分别向左或向右运动到极限位置，切断大车行走机构的电源。

4.2.4 抗风防滑装置

抗风防滑装置（夹轨器）其作用是塔式起重机在非工作状态时，夹轨器夹紧在轨道两侧，防止塔式起重机滑行。

塔式起重机使用的夹轨器一般为手动机械式夹轨钳，如图4-10所示。

夹轨钳安装在每个行走台车的车架两端，非工作状态时，把夹轨器放下来，转动螺栓2，使夹钳1夹紧在起重机的轨道3上，工作状态时，把夹轨器上翻固定。

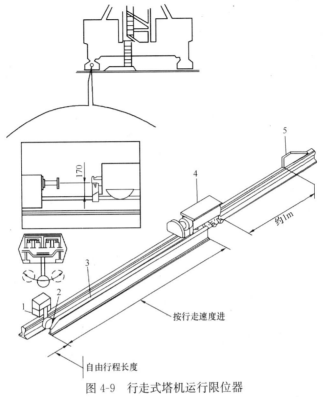

图 4-9 行走式塔机运行限位器

1—限位开关；2—摇臂滚轮；3—坡道；4—缓冲器；5—止挡块

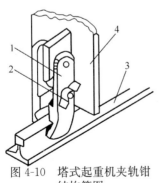

图 4-10 塔式起重机夹轨钳
结构简图

1—夹钳；2—螺栓、螺母；
3—钢轨；4—台车架

4.2.5 风速仪

对臂根铰点高度超过 50m 的塔式起重机，应该配备风速仪。当风速大于工作允许风速时，应能发出停止作业的警报。

如图 4-11 所示为 YHQ-1 型风速仪组成示意图。

它是一种塔式起重机常用的风

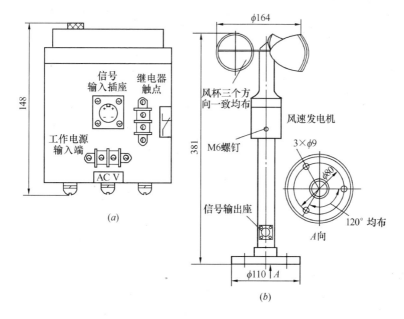

图 4-11 YHQ-1 型风速仪组成示意图

(a) 风速仪内控继电器输入输出端图；(b) 风速传感器

速仪，当风速大于工作极限风速时，仪表能发出停止作业的声光报警信号，并且其内控继电器动作，常闭触点断开。塔式起重机装此风速仪，把该触点串接在电路中，就能控制塔式起重机安全可靠地工作。

4.2.6 小车断绳保护装置

对于小车变幅式塔式起重机，为了防止小车牵引绳断裂导致小车失控，变幅的双向均设置小车断绳保护装置。

目前应用较多的并且简单实用的断绳保护装置为重锤式偏心挡杆，如图 4-12 所示。塔式起重机小车正常运行时挡杆 2 平卧，张紧的牵引钢丝绳从导向环 3 穿过。当小车牵引绳断裂时，挡杆

2 在偏心重锤 6 的作用下,翻转直立,遇到臂架的水平腹杆时,就会挡住小车的溜行。每个小车均备有两个小车断绳保护装置,分别设于小车的两头牵引绳端固定处。当采用双小车系统时,设于外小车或主小车。

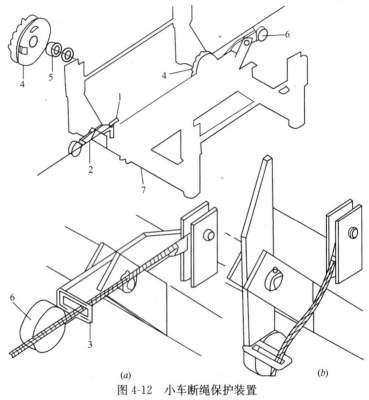

图 4-12 小车断绳保护装置

(a) 小车钢丝绳完好;(b) 小车钢丝绳断裂、断绳装置起作用

1—牵引绳固定绳环;2—挡杆;3—导向环;4—牵引绳棘轮张紧装置;
5—挡圈;6—重锤;7—小车支架

4.2.7 小车断轴保护装置

为了防止载重小车滚轮轴在出现断裂的意外情况下小车从高

空坠下，在载重小车上应设置小车断轴保护装置。

图 4-13 所示为小车断轴保护装置结构示意图。小车断轴保护装置即是在小车架左右两根横梁上各固定两块挡板，当小车滚轮轴断裂时，挡板即落在吊臂的弦杆上，挂住小车，使小车不致脱落，从而避免造成重大安全事故。

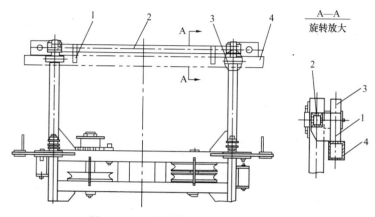

图 4-13 小车断轴保护装置结构示意图
1—挡板；2—小车上横梁；3—滚轮；4—吊臂下弦杆

4.3 电气防护与安全防护设施

4.3.1 电气防护

（1）电源

塔式起重机一般采用 380V、50Hz 三相五线交流电源供电，施工工地供电应做到"三级配电，两级保护"的用电要求。塔式起重机应设置专用开关箱。供电系统在塔式起重机接入处的电压波动应不超过额定值的±10%。供电容量应能满足塔式起重机最低供电容量（kVA）。动力电路和控制电路的对地绝缘电阻应不低于 0.5MΩ。

塔式起重机按规定应设置短路、过流、欠压、过压及失压保护、零位保护、电源错相及断相保护。

电控柜（专用开关箱）应设有门锁。门内应有电气原理图或布线图、操作指示等，门外应设有有电危险的警示标志。防护等级不低于 IP44。

（2）接地

塔式起重机不得采用铝导体和螺纹钢作接地体或地下接地线。用螺栓连接的导线必须有一个端头。接地主要有以下三种方式：

1）接地体采用正规的接地桩，或 $\phi 33 \times 4.5$ 长 1.5m 钢管，或 ⌊70×70 长 1.5m 的角钢。

2）接地板用钢板或其他可延金属板制作，面积为 $1m^2$，立埋距地表面 1.5m 深处。

3）截面不小于 $28mm^2$ 的铜导体或截面不小于 $50mm^2$ 的钢导体埋于线槽内，其埋入长度由接地电阻情况确定。

在上述三种方式中，接地体引出铜导线截面积应不小于 $25mm^2$，若土壤导电不良，可在土中埋入氯化钠（食盐），然后灌水。

对于行走式塔式起重机，每根钢轨必须接地，两根轨道间应用导线连接。两节钢轨之间也应进行电气连接，接地电阻不大于 4Ω。

（3）紧急停止按钮

塔式起重机操作装置一般采用联动台控制，设置紧急停止按钮，塔式起重机工作前必须把各机构的操作手柄置于零位，避免误操作。遇紧急情况时要迅速按动紧急停止按钮，停止所有动作。

4.3.2 安全防护装置与设施

（1）塔式起重机上有伤人危险的传动部分，如联轴器、制动器、皮带轮等，均要安装防护装置。

（2）在离地面2m以上的平台及走道应设置防止操作人员跌落的手扶栏杆。手扶栏杆的高度不应低于1m。

5 塔式起重机的安装与拆卸

5.1 塔式起重机安装与拆卸的管理

5.1.1 塔式起重机的技术条件

(1) 塔式起重机生产厂必须持有国家颁发的特种设备制造许可证。

(2) 塔式起重机应当有监督检验证明、出厂合格证和产品设计文件、安装及使用维修说明、有关型式试验合格证明等文件。

(3) 应有配件目录及必要的专用随机工具。

(4) 对于购入的旧塔式起重机应有两年内完整运行记录及维修、改造资料。

(5) 对改造、大修的塔式起重机要有出厂检验合格证、监督检验证明。

(6) 塔式起重机的各种安全装置、仪器仪表必须齐全和灵敏可靠。

(7) 有下列情形之一的塔式起重机，不得出租、安装、使用：

1) 属国家明令淘汰或者禁止使用的；

2) 超过安全技术标准或者制造厂家规定的使用年限的；

3) 经检验达不到安全技术标准规定的；
4) 没有完整安全技术档案的；
5) 没有齐全有效的安全保护装置的。

5.1.2 塔式起重机安装拆卸的基本要求

（1）从事塔式起重机安装、拆卸活动的单位应当依法取得建设主管部门颁发的起重设备安装工程专业承包资质和建筑施工企业安全生产许可证，并在其资质许可范围内承揽建筑起重机械安装工程。

（2）从事塔式起重机安装与拆卸的操作人员应当年满18周岁，具备初中以上的文化程度，经过专门培训，并经建设主管部门考核合格，取得《建筑施工特种作业人员操作资格证书》。

（3）塔式起重机安装单位和使用单位应当签订安装、拆卸合同，明确双方的安全生产责任；实行施工总承包的，施工总承包单位应当与安装单位签订建筑起重机械安装工程安全协议书。

（4）塔式起重机的安装拆卸必须根据施工现场的环境和条件、塔式起重机的状况以及辅助起重设备的性能条件，制定安装拆卸方案、安全技术措施和应急预案，并由企业技术负责人审批。

（5）安装拆卸作业前必须进行安全技术交底，安装拆卸作业中各工序应定人定岗，定专人统一指挥。

（6）安装拆卸作业应设置警戒区域，并设专人监护，无关人员不得入内。

（7）塔式起重机的安装位置，应当符合以下要求：

1) 塔式起重机尾部（平衡臂）与相邻建筑物及其外围设施之间的安全距离不少于0.6m。塔式起重机与外输电线路之间的安全距离符合表5-1要求。

塔式起重机与外输电线路的最小安全距离 表 5-1

电压（kV） 安全距离	<1	1~15	20~40	60~110	220
沿垂直方向（m）	1.5	3.0	4.0	5.0	6.0
沿水平方向（m）	1.0	1.5	2.0	4.0	6.0

2）当与外输电线路的安全距离达不到表 5-1 中要求的安全距离时应搭设防护架，搭设防护架时应当符合以下要求：

①搭设防护架时必须经有关部门批准；

②采用线路暂停供电或其他可靠安全技术措施；

③有电气工程技术人员和专职安全人员监护；

④防护架与外输电线路的安全距离不应小于表 5-2 所规定的数值；

⑤防护架应具有较好的稳定性，可使用竹竿等绝缘材料，不得使用金属材料。

防护架与外输电线路之间的最小安全距离 表 5-2

外输电线路电压等级（kV）	≤10	35	110	220	330	500
最小安全距离（m）	1.7	2.0	2.5	4.0	5.0	6.0

3）安装两台及以上塔式起重机时，相邻两台塔式起重机的最小架设距离应当保证处于低位塔式起重机的起重臂端部与处于高位塔式起重机的塔身之间至少有 2m 的安全距离；处于高位塔式起重机的最低部位的部分（吊钩升至最高点或平衡重的最低部位）与低位塔式起重机中最高部位的部件之间的垂直距离不应小于 2m；塔式起重机之间不能发生干涉，应保证塔式起重机在非工作状态时能自由旋转。

塔式起重机的安装选址除了应当考虑与建筑物、外输电线路和其他塔式起重机有可靠的安全距离外，还应考虑到毗邻的公共场所（包括学校、商场等）、公共交通区域（包括公路、铁路、航运等）等因素。在塔式起重机及其载荷不能避开这类障碍时，应向政府有关部门咨询。

4)塔式起重机基础应避开任何地下设施,无法避开时,应对地下设施采取保护措施,预防灾害事故发生。

(8)确定适合的辅助起重设备

1)流动式起重机的选择

塔式起重机安装拆卸过程中一般采用流动式起重机作为辅助起重设备。流动式起重机主要包括汽车起重机和履带起重机。选择辅助起重设备时要综合考虑其起升高度、幅度和起重量等性能参数,以满足塔式起重机安装拆卸作业时要求。起重机的吊臂伸出越长,它可吊装的起升高度越大,起重量越小;起重机的臂长不变时,吊臂仰角越小,它可吊装的幅度越大,起重量相应降低。在进行安装拆卸作业前,还应根据塔式起重机安装拆卸场地的情况,选择辅助起重设备有利的工作位置。塔式起重机拆卸时,自升式塔式起重机有条件的应先自行降节,使塔式起重机降至最低位置,然后选用辅助起重设备拆除。

2)其他辅助起重设备的选择

因塔式起重机设置在建筑物内无法自行下降拆卸,需将辅助起重设备设置在建筑物顶部进行拆卸的,可选用人字扒杆、桅杆式起重机等。

①辅助起重设备固定在建筑物屋面上的,建筑物屋面的承载能力应满足辅助起重设备的要求。

②固定在建筑物的锚固点预埋件应能承受辅助起重设备在工作和非工作状态时的支承力。

③辅助起重设备设置的位置应能满足塔式起重机相应零部件的重量、距离及拆卸后堆放位置的要求。

④从屋面将塔式起重机起重臂、平衡臂等向下吊运时,应在起重臂、平衡臂臂端配置溜绳。

(9)安装、拆卸、加节或降节作业时,塔式起重机的最大安装高度处的风速不应大于13m/s,当有特殊要求时,按用户和制造厂的协议执行。

(10) 遇有大雨、大雪、大雾等影响安全作业的恶劣气候时,应停止作业。

(11) 遇有工作电压波动超过±10%时,应停止安装、拆卸作业。

5.1.3 塔式起重机安装拆卸管理制度

(1) 塔式起重机安装单位应当建立健全以下管理制度:
1) 安装拆卸塔式起重机现场勘察、编制任务书制度;
2) 安装、拆卸方案的编制、审核、审批制度;
3) 基础、路基和轨道验收制度;
4) 塔式起重机安装拆卸前的零部件检查制度;
5) 安全技术交底制度;
6) 安装过程中及安装完毕后的质量验收制度;
7) 技术文件档案管理制度;
8) 作业人员安全技术培训制度;
9) 事故报告和调查处理制度。

(2) 安装单位必须建立健全岗位责任制,明确塔式起重机安装、拆卸的主管人员、技术人员、机械管理人员、安全管理人员和塔式起重机安装拆卸工、司机、起重司索信号工、建筑电工等在安装拆卸塔式起重机工作中的岗位职责。

(3) 安装单位必须建立和不断完善安全操作规程。

5.1.4 塔式起重机安装拆卸工操作规程

(1) 在每次拆装作业中,必须了解自己所从事的项目、部位、内容及要求。

（2）必须了解所拆装塔式起重机的性能。

（3）必须详细了解并严格按照说明书中所规定的安装及拆卸的程序进行作业，严禁对产品说明书中规定的拆装程序做任何改动。

（4）熟知塔式起重机拼装或解体各拆装部件相连接处所采用的连接形式和所使用的连接件的尺寸、规定及要求。对于有润滑要求的螺栓，必须按说明书的要求，按规定的时间，用规定的润滑剂润滑。

（5）了解每个拆装部件的重量和吊点位置。

（6）作业前，必须对所使用的钢丝绳、链条、卡环、吊钩、板钩、耳钩等各种吊具、索具按有关规定做认真检查。合格者方准使用，使用时不得超载使用。

（7）必须对所使用的机械设备和工具的性能及操作规程有全面了解，并作业过程中严格按规定使用。

（8）在进入工作现场时，必须戴安全帽，高处作业时还必须穿防滑鞋、系安全带。

（9）在指定的专门指挥人员的指挥下作业，其他人不得发出指挥信号。当视线阻隔和距离过远等致使指挥信号传递困难时，应采用对讲机或多级指挥等有效的措施进行指挥。

（10）起重作业中，不允许把钢丝绳和链条等不同种类的索具混合用于一个重物的捆扎或吊运。

（11）安装起重机的过程中，对各个安装部件的连接件，必须特别注意要按说明书的规定，安装齐全、固定牢靠，并在安装后做详细检查。

（12）在安装或拆卸塔式起重机时，严禁只拆装一个臂就中断作业。

（13）在紧固要求有预紧力的螺栓时，必须使用专门的工具，将螺栓准确地紧固到规定的预紧力值。

(14) 在高处作业时,摆放小件物品和工具时不可随手乱放,工具应放入工具框中或工具袋内,严禁从高空投掷工具和物件。

(15) 塔式起重机各部件之间的连接销轴、螺栓、轴端卡板和开口销等,必须使用塔式起重机生产厂家提供的专用件,不得随意代用。

(16) 安装塔式起重机时,各销轴螺栓、轴端卡板和开口销安装好后,不可以缺失和漏装。

(17) 吊装作业时,起重臂和重物下方严禁有人停留、工作或通过。吊运重物时,严禁从人上方通过。严禁用起重机吊运人员。

(18) 严禁带病和酒后作业。

5.1.5 塔式起重机安装拆卸方案

(1) 安装拆卸专项方案的编制
1) 编制安装拆卸方案的依据
①塔式起重机使用说明书;
②国家、行业、地方有关塔式起重机的法规、标准、规范等;
③安装拆卸现场的实际情况,包括场地、道路、环境等。
2) 安装拆卸方案的内容
①安装拆卸现场环境条件的详细说明;
②塔式起重机安装位置平面图、立面图和主要安装拆卸难点;
③对塔式起重机基础的外形尺寸、技术要求以及地基承载能力等要求;
④详细的安装及拆卸的程序,包括每一程序的作业要点、安装拆卸方法、安全、质量控制措施;
⑤塔式起重机主要零部件的重量及吊点位置;

⑥所需辅助设备、吊具、索具的规格、数量和性能；
⑦安装过程中应自检的项目以及应达到的技术要求；
⑧安全技术措施；
⑨必要的计算资料；
⑩人员配备及分工；
⑪重大危险源及事故应急预案。

3）方案编制的要求

塔式起重机安装拆卸方案应由安装单位的专业技术人员负责编制，需要专家论证审查的方案应由安装单位的技术负责人组织有关人员编制，编制人员应具有本专业中级以上技术职称。

（2）方案的审批

塔式起重机安装拆卸方案应当由安装单位技术部门组织本单位施工技术、安全、质量等部门的专业技术人员进行审核。经审核合格的，由安装单位技术负责人签字，并报总承包单位技术负责人签字。

不需专家论证的专项方案，安装单位审核合格后报监理单位，由项目总监理工程师审核签字。

需专家论证的专项方案，安装单位组织应当召开专家论证会。实行施工总承包的，由施工总承包单位组织召开专家论证会。安装单位应当根据论证报告修改完善专项方案，并经安装单位技术负责人、总承包单位技术负责人、项目总监理工程师、建设单位项目负责人签字后，方可组织实施。

（3）技术交底

安装拆卸单位技术人员应根据安装拆卸方案向安装人员进行技术交底。交底应到包括以下内容：

1）塔式起重机的性能参数；
2）安装、附着及拆卸的程序和方法；
3）各部件的连接形式、连接件尺寸及连接要求；

4) 安装拆卸部件的重量、重心和吊点位置；
5) 使用的辅助设备、机具、吊索具的性能及操作要求；
6) 作业中安全操作措施；
7) 其他需要交底的内容。

5.2 塔式起重机的安装

5.2.1 塔式起重机安装前的检查

(1) 对塔式起重机基础外形尺寸进行复核，检查其是否符合安装方案和使用说明书的要求。

(2) 查阅基础隐蔽工程验收资料是否齐全，包括混凝土试块报告、检查混凝土的强度等级、验收手续是否符合要求。

(3) 对运抵现场的塔式起重机钢结构进行检查，检查有无严重锈蚀、变形和裂纹。对于转场保养不到位或运输过程中发生损坏的钢结构不能安装上机。

(4) 对塔式起重机的起升机构、回转机构、变幅机构、液压顶升机构、电气系统等进行检查：检查是否做过转场保养，液压油、齿轮油、润滑油是否加注到位，安全装置、配电箱、电线、电缆是否完好。

(5) 对钢丝绳、钢丝绳夹、楔套、连接紧固件、滑轮等部件进行检查，对有缺陷或损坏的部件不能安装上机。

(6) 辅助设备就位后、实施作业前，应对其机械性能和安全性能进行验收。

检查完毕，全部验收合格，有关人员填写检查验收表并签字后，方可进行塔式起重机的安装。塔式起重机安装前检查验收见表5-3。

塔式起重机安装前检查验收表

表 5-3

工程名称		工程地址	
设备编号		塔式起重机型号	
生产厂家		安装高度	

序号	项目	要 求	检查记录
1	基础、路基	基础隐蔽工程验收资料齐全、有效	
2	金属结构	钢结构齐全,无变形、开焊、裂纹现象、结构表面无严重锈蚀,油漆无大面积脱落	
3	传动机构	减速机、卷扬机、制动器、回转机构部件齐全、工作正常	
4	钢丝绳	完好、无断股,断丝不超过规范要求	
5	吊 钩	无裂纹、变形、严重磨损,钩身无补焊、钻孔现象	
6	钢丝绳绳夹	绳夹、楔块固结正确	
7	滑 轮	外形完好无裂纹、破损,轮槽是否有不均匀磨损;转动灵活,尺寸符合要求;防脱绳装置符合要求	
8	液压系统	油缸及泵站有无渗漏,油箱油量、油质符合要求,各阀门、油管、接头完好,油路无泄露、阻塞现象	
9	电气系统	配电箱、电缆无破损,控制开关等电器元件无损坏、丢失	
10	安全装置	齐全、可靠、有效、完好	
11	连接紧固件	连接紧固件规格正确、数量齐全,没有锈蚀和损伤。	
12	润 滑	变速箱润滑油量、油质符合要求;各润滑点油嘴、油杯齐全、完好,润滑到位	

自检结论:

自检人员: 　　　　　　　　单位或项目技术负责人:

　　　　　　　　　　　　　　　　　　年 月 日

5.2.2 塔式起重机安装的一般程序

（1）上回转固定自升式塔式起重机

1）安装底架或基础节；

2）安装标准节（加强节）和顶升套架；

3）安装回转总成；

4）安装司机室（亦可与回转总成一起）；

5）安装塔帽；

6）安装平衡臂（部分塔式起重机要求先安装一块平衡重）；

7）安装起重臂；

8）安装平衡重；

9）穿绕钢丝绳；

10）接通电气设备；

11）试运转，调试；

12）顶升加节；

13）安装附墙装置。

（2）快装轨道行走式塔式起重机

1）处理轨道基础；

2）制作混凝土基础或铺设路基箱及轨道；

3）安装行走台车底架和压重；

4）利用自身变幅机构起扳塔身和起重臂，塔身和起重臂在地面拼装完毕后与回转平台相连接，塔身和起重臂绑扎在一起并搁置起一定的角度（避免起扳死角），然后扳起塔身和起重臂。

（3）非快装轨道行走式塔式起重机

1）处理轨道基础；

2）制作混凝土基础或铺设路基箱及轨道；

3）安装行走台车、底架和压重；
4）安装标准节（加强节）、塔帽、平衡臂、起重臂及顶升加节等安装程序同上回转固定自升式塔式起重机。

5.2.3 塔式起重机安装的技术要求

（1）底架、基础节的安装

1）塔式起重机的基础应满足塔式起重机说明书提供的承载力，固定式塔式起重机在制作基础的同时须将塔式起重机的基础预埋件按要求置于基础内。

2）塔式起重机基础预埋件具有不同形式，分别有预埋螺栓、预埋件（支腿）、预埋基础节等，预埋位置尺寸均应符合塔身标准节要求。基础表面的平整度允许偏差不得大于1/1000。

3）行走式塔式起重机的轨道地基、轨道铺设和基础承载力应满足说明书要求，钢轨顶面的倾斜度对于上回转塔式起重机不得大于3/1000，下回转塔式起重机不得大于5/1000。轨距允许偏差为设计值的±1/1000，最大允许偏差为±6mm。钢轨接头间隙不大于4mm，与另一侧钢轨接头的错开距离不小于1.5m，接头处两轨顶高误差不大于2mm。在轨道全长范围内，轨道顶面任意两点的高度差应小于100mm。

（2）标准节（加强节）和顶升套架的安装

1）安装标准节（有加强节的先安装加强节）于预埋件上，同时用经纬仪双向测量塔身垂直度，垂直度应控制在4/1000以内。紧固标准节连接螺栓，高强度螺栓需达到规定的预紧力矩要求。

2）自升式塔式起重机需再装顶升套架。顶升套架安装时应注意顶升方向与标准节一致。行走式塔式起重机将行走台车安装在轨道上。

(3) 回转总成的安装

回转总成包括下支座、回转支承、上支座、回转机构四个部分。回转下支座与塔身连接，上支座与过渡节或塔帽连接。安装回转总成时，应采用满足回转总成重量的吊索具，起吊时吊索具固定在回转总成专用的吊耳或吊点处，把吊起的回转总成装在标准节上。用高强度螺栓连接。自升式塔式起重机顶升作业的引进梁设置在回转下支座时，需将引进梁就位并固定。

(4) 驾驶室的安装

安装时，驾驶室与其支座同时吊起，安装在回转上支座上，用销轴和螺栓紧固。

(5) 塔帽的安装

将塔帽的平台、护栏固定就位，并将平衡臂、起重臂拉杆的吊杆锁定在塔帽头部。将起升转角滑轮固定在塔帽设定位置处。吊起塔帽总成对准安装位置用销轴或螺栓固定在回转上支座上。

(6) 平衡臂的安装

1) 在地面先组装平衡臂上的起升机构、护栏、平衡重定位销、拉杆和辅助吊具及配电箱等，并全部紧固捆绑牢固。

2) 接上回转机构临时电源，将回转支承以上部分回转到便于安装平衡臂的方位。

3) 穿好吊索具，在臂架端部栓挂导向绳，以便起升安装导向用；吊起平衡臂，直到能用销轴将平衡臂销定在塔帽根部或回转上支座上，然后继续提升平衡臂，以便将平衡臂拉杆与塔帽上方的拉杆相连接，并用轴销连接好。拉杆连接后，放下平衡臂，拉紧拉杆，拆除导向绳，接通起升机构工作电源。

(7) 平衡重的安装（起重臂安装前）

为了避免产生过大的前倾力矩，在起重臂安装前，应根据说明书规定安装一块（或数块）平衡重。平衡重安装位置应严格按安装方案要求进行，如果随意改变安装顺序和数量，将使安装过程中的不平衡力矩大于设计值。

（8）起重臂的安装

1）起重臂的长度应按施工方案规定长度进行配置。

2）起重臂先在地面组装，部件包括拉杆（单根或双根）、小车变幅机构、带有滑轮组的小车、起升钢丝绳的转角滑轮、小车变幅钢丝绳（小车变幅钢丝绳的两端头从变幅卷扬机引出分别固定在起升小车的两侧指定位置上）等部件。

3）检查小车运行的缓冲器止挡装置是否可靠，起重臂连接销轴安装是否正确可靠，起重臂组装经检查符合要求后方可进行吊装。

4）使用专用吊索具，在安装方案确定的节点处拴挂索具，如方案未标明吊点位置，可在地面试吊，确定合理吊点，并做上记号及记录，以便拆卸时使用。

5）起重臂吊索长度应考虑安装拉杆时，拉杆拉直的空间，一般离上弦杆4m左右。同时在起重臂两端装上导向索，以便于起重臂从地面至安装位置的导向。

6）开始起吊起重臂，将起重臂吊至铰点高度，起重臂根部与塔帽根部销座或回转上支座的连接销座相配合，用销轴连接锁定。起重臂根部定位时，因在空中作业，销轴孔的对准有一定难度，所以作业时可先对准一个销轴孔，用辅助轴棒临时固定，再对准另一端用销轴固定，然后把原来一端的辅助轴棒抽出，也用销轴固定。

7）起重臂销轴定位后，继续提升起重臂，先将后拉杆与塔帽顶端的起重臂吊杆连接定位，然后利用安装在平衡臂上的起升机构，将起升钢丝绳通过塔帽顶部滑轮，把前拉杆安装至塔帽顶部的连接座，最后用销轴固定好起重臂。

(9) 平衡重的安装

起重臂安装后,这时塔式起重机前倾力矩大于后倾力矩,所以必须将平衡重按安装方案要求安装,不同重量的平衡重设置在不同的位置,然后按安装方案的要求将平衡重固定牢固,保证塔式起重机工作时不会造成相互碰撞。

这时塔式起重机呈空载状态,即后倾力矩大于前倾力矩。

(10) 穿绕起升钢丝绳

如图 5-1 所示,为单变幅小车四倍率起升机构钢丝绳穿绕示意图,穿绕起升钢丝绳的步骤如下:

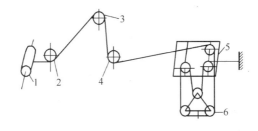

图 5-1 起升机构钢丝绳穿绕示意图
1—起升卷扬机；2—排绳滑轮；3—塔帽导向轮；4—起重臂根
部导向滑轮；5—变幅小车滑轮组；6—吊钩滑轮组

1) 起升钢丝绳从起升卷筒经排绳(导绳器)滑轮,向上通过塔帽上导向滑轮,向下至起重臂根部滑轮(起重量限制器滑轮),穿入变幅小车的滑轮(此时安装人员站在小车挂篮上);

2) 在起升钢丝绳端部处绑扎一根辅助绳,将起升钢丝绳拉至地面吊钩处,在地面上将起升钢丝绳穿过吊钩底部两滑轮;

3) 用辅助绳拉起钢丝绳再穿入变幅小车靠起重臂根部的一个滑轮,将起升钢丝绳向下拉至吊钩处,穿过吊钩上部滑轮,再向上拉穿入变幅小车靠起重臂端部的一个滑轮,让钢丝绳留出足够余量,接上变幅机构临时电源,操纵小车变幅机构,将变幅小车停至起重臂端部,起升钢丝绳按安装方案方法固定在起重臂端部。

安装后应检查起升钢丝绳通过所有滑轮的位置是否正确,保证起升钢丝绳在运行时无阻碍。

(11) 试运转、调试

接通电源,进行试运转。检查各行程限位器的动作准确性和可靠性,试验各安全装置的精度和灵敏度。试运转各机构运转正常,启、制动性能良好,各限位装置正确、灵敏、可靠,各安全装置有效、可靠,全部符合要求,方可进行顶升加节。

试运转一切调整正常后,还应进行自检。

(12) 顶升加节

水平变幅塔式起重机多为后侧顶升式,顶升套架上的导向滚轮共16个,上下两层各8个,在顶升过程中起到支承和导向作用。导向滚轮与标准节的间隙应保证在2～5mm之间。

1) 顶升前,必须对液压系统(泵、顶升油缸、油管、平衡阀、换向阀、压力表、油箱等)、顶升套架、挂靴爬爪、防脱装置、导向装置、电缆等部件进行认真细致地检查。

2) 塔式起重机在顶升前,必须将上部结构自重产生的力矩调整平衡,其方法是调节变幅小车在吊臂上的位置或吊载配重物,使顶升或拆卸时上部结构的重心处于油缸支承部位。同时仔细检查塔式起重机的技术状况,尤其是吊臂、平衡臂、拉杆、回转支承的连接更值得注意,要事先消除隐患,堵塞漏洞。

3) 升降作业过程,必须有专人指挥,专人照看电源,专人操作液压系统,专人装拆螺栓,专人负责安全监护,非作业人员不得登上顶升套架的操作平台。

4) 顶升过程中,司机要严禁随意操作,防止臂架回转。

5) 顶升作业时,要特别注意锁紧防脱销轴;对新就位的标准节,与下部标准节和上部下支座的连接要及时,并连接牢固。

6) 在顶升加节过程中,塔身的垂直度应用经纬仪双向测量,塔身垂直度应始终控制在 4/1000 以内。

（13）附墙装置的安装

当塔式起重机独立高度超过使用说明书规定时，必须安装附墙装置。

安装附墙装置前，应检查附着框、附着杆、预埋件、连接件和塔式起重机状况，附墙装置预埋件基础的强度必须达到要求，并具有隐蔽工程验收单，合格后方可进行安装。

1）用塔式起重机吊起附着框，在塔身上进行拼装，用销轴和螺栓固定好。

2）用塔式起重机吊起附着杆，把附着杆的两端分别与附着框和建筑物预埋件用销轴或螺栓连接固定。

3）调节附着杆的调节螺钉，使附着杆达到适宜的长度，以确保塔式起重机垂直度。调整时必须随时测量塔式起重机垂直度，附墙装置以下的塔身垂直度需控制在 2/1000 以内。

4）锚固后检查附着框与塔身、附着杆连接情况，合格后方可使用。

5.2.4 不同结构型式塔式起重机安装的区别

各种型式的塔式起重机的结构不尽相同，因此安装程序也不完全相同。

（1）小车变幅式自升塔式起重机（塔帽式）

在安装好塔身和顶升套架后，先安装塔帽（包括回转支承和上下回转支座），再分别安装平衡臂和起重臂。

（2）动臂式自升塔式起重机

动臂式自升塔式起重机尾部回转半径较小，有的把平衡臂与回转支座做成一体，组成回转平台一起安装，其动臂则用辅助起重设备吊起，将臂根与转台连接，在穿绕变幅钢丝绳滑轮组后可用自身的变幅卷扬机拉起来。

(3) 平头式塔式起重机

一种是起重臂、平衡臂均与塔头固接,另一种是把平衡臂与回转支座铰接,再用拉杆连接平衡臂与塔头,如图 5-2 所示。在进行安装时,一般是平衡臂与起重臂分别分节交替吊装,即安装一节平衡臂,再安装一节起重臂,然后再安装一节平衡臂,再装一节起重臂,依此类推,以减少塔式起重机的前后倾不平衡力矩。

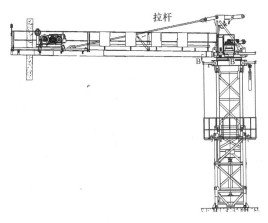

图 5-2 平衡臂与回转支座铰接的平头式塔式起重机

(4) 内爬式塔式起重机

1) 内爬式塔式起重机设置在建筑物内时,便能随着建筑施工的进程在建筑物内爬升。内爬式塔式起重机一般是按固定式塔式起重机方式安装在混凝土基础上,待建筑物施工到一定高度后,再利用其本身的爬升机构在楼层内爬升。

2) 内爬塔式起重机的爬升机构,由环梁(内爬框架)、液压顶升机构、支承钢梁等组成,内爬框架为框架式结构,两侧设有爬梯,通过支承梁搁置在建筑物上,塔身一般置于建筑物的电梯井、核心筒和楼层内。当建筑物施工完成到一定楼层高度时,塔

173

式起重机由固定式转换为内爬式，并向上爬升。

3）内爬支承通常由环梁（内爬框架）和支承钢梁组成。环梁（内爬框架）搁置在支承钢梁上面。整个内爬环梁系统由三套结构尺寸相同的环梁（内爬框架）配套而成。

4）支承钢梁直接搁置在楼板上或穿在墙体预留的洞里，也可制作支承架（牛腿）悬挑在墙体上，将支承钢梁的载荷传递到建筑物上，一套支承钢梁一般包括二根钢梁。支承架数量根据需要在爬升楼层处预设。底部环梁承载垂直载荷，顶部和中部环梁承载等效水平载荷，顶部和中部环梁垂直间距通常不小于3个楼层，这样构成一个稳定的支撑结构体系，底部环梁（内爬框架）和支承钢梁供爬升时交替使用。

5）爬升时，使塔式起重机的倾覆力矩调至最小，松开环梁中夹持塔身的装置，用塔身底部的爬升部件和液压装置将塔式起重机升高，当塔身基础节到达中环梁时，中环梁和上环梁将塔身夹持住，然后在适当时间将下环梁移至上部楼层成为顶部环梁。

5.2.5 关键零部件的安装要求

（1）销轴连接

在塔式起重机事故中因塔式起重机销轴脱落造成的事故占有很大的比例，造成销轴脱落的因素主要有结构因素和安装因素。因此，在安装时，应正确安装，认真检查。

1）螺栓固定轴端挡板形式

此种形式固定螺栓容易产生拧折、拧断或螺纹滑牙，使固定螺栓失效，容易造成销轴脱落。因此在销轴固定轴端挡板的安装中应注意，当发现连接螺栓有损坏或螺栓孔脱扣时一定要修复后才能继续安装。

2）轴端挡板焊接形式

此种形式在安装过程中锤击销轴时，容易把轴端挡板的焊缝打裂。原因有以下两方面：

①销轴偏转会使轴端撞击轴端挡板，使焊缝产生裂纹。

②销轴已安装到位，再继续锤击，使焊缝受损。

因此在安装过程中必须细致操作，如图5-3所示。

图5-3　焊接轴端挡板及焊缝

（2）高强度螺栓连接

高强度螺栓是塔式起重机塔身塔帽等部位连接的重要部件，所以在塔式起重机装拆时必须高度重视，保证高强度螺栓预紧力，安装时要注意以下问题：

1）螺栓孔端面要平整；

2）连接表面应清除灰尘、油漆、油迹和锈蚀；

3）螺纹及螺母端面等处需涂抹黄油；

4）安装时应使用扭力扳手或专用扳手；

5）当使用说明书有使用次数要求时，应严格执行。

（3）销轴开口销的固定

开口销的设置不规范主要有以下情形：

1）漏装开口销；

2）开口销未开口或开口度不够，如图5-4（a）、(b) 所示；

3）开口销以小代大；

4）用钢丝、焊条等替代开口销；

5）开口销锈蚀严重。

由于开口销的强度或替代品的强度达不到要求,开口销在销轴的轴向力作用下,开口销往往会剪断。未开口或开口度不够的开口销在使用过程中容易掉落,没有开口销的销轴在使用中会自行脱离,这样就会引起折臂的重大事故。因此,应高度重视销轴开口销的安装,正确安装开口销,正确的做法见图5-4(c)、(d)。

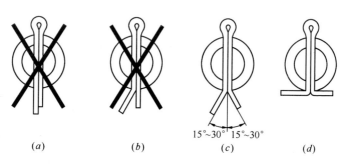

图5-4 开口销的安装

(a)、(b)错误;(c)正确;(d)有障碍物时,正确

(4) 不同截面标准节的安装

有些塔式起重机的塔身标准节根据杆件的强度不同分为两种或两种以上的规格,不同规格的标准节外形几乎一样,仅是主弦杆壁厚不同,在外观上不易分清。塔式起重机使用高度确定后,安装和加节时要按使用说明书的要求,确定塔身上标准节的具体型号标志,决不能混淆。

(5) 不同臂长时平衡重块配置

对于可以变换臂长的塔式起重机,其平衡重的重量是随臂长不同而变化的,安装时应注意这一点,要按使用说明书规定的平衡重块的数量、规格和位置准确安装。平衡重块安装位置不正确,会造成起重臂与平衡臂平衡力矩偏差过大,容易造成塔式起重机失稳。

（6）吊点位置的确定

塔式起重机的大型部件的吊点位置一定要符合说明书的要求。对使用说明书未标注吊点位置的，吊装结构件吊点的确定应注意两方面：

1）被吊装结构件的平衡。对长形结构件，如起重臂、平衡臂，可在地面试吊，确定合理吊点。

2）吊点处的结构强度和吊索连接的牢固。如果吊点强度不够，会破坏结构件，个别严重的情况会造成整个结构件破坏。吊索在吊点处不得有滑移和脱落，一般吊索应连接在被吊装结构的节点上，不得连接在主弦杆中部和腹杆上。吊索与物件棱角之间应加垫块。

5.3 塔式起重机安全装置的调试

塔式起重机结构安装完毕后，安装人员应调试好各种安全装置。以确保塔式起重机的安全使用。安装人员应根据制造厂的使用说明书要求，分步骤仔细调试，如有疑问应及时向厂方询问，不能自作主张。由于安全装置的类型很多，这里我们就介绍部分塔式起重机安全装置的调试方法。

5.3.1 超载保护装置的调试

（1）小车变幅式塔式起重机起重量限制器的调试

起重量限制器在塔式起重机出厂前都已经按照机型进行了调试及整定，与实际工况的载荷不符时需要重新调试，调试后要反复试吊重块三次以上确保无误后方可进行作业。

以 QTZ63 塔式起重机上使用的起重量限制器为例，介绍拉力环式起重量限制器的调试方法,如图 5-5 所示。

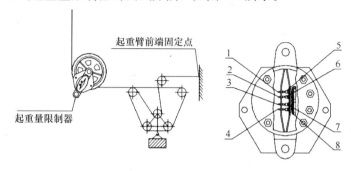

图 5-5 拉力环式起重量限制器调试示意图
1、2、3、4—螺钉调整装置;5、6、7、8—微动开关

1) 当起重吊钩为空载时,用小螺丝刀,分别压下微动开关 5、6、7,确认各挡微动开关是否灵敏可靠:

①微动开关 5 为高速挡重量限制开关,压下该开关,高速挡上升与下降的工作电源均被切断,且联动台上指示灯闪亮显示;

②微动开关 6 为 90% 最大额定起重量限制开关,压下该开关,联动台上蜂鸣报警;

③微动开关 7 为最大额定起重量限制开关,压下该开关,低速挡上升的工作电源被切断,起重吊钩只可以低速下降,且联动台上指示灯闪亮显示。

2) 工作幅度小于 13m(即最大额定起重量所允许的幅度范围内),起重量 1500kg(2 倍率)或 3000kg(4 倍率),起吊重物离地 0.5m,调整螺钉 1 至使微动开关 5 瞬时换接,拧紧螺钉 1 上的紧固螺母。

3) 工作幅度小于 13m,起重量 2700kg(2 倍率)或 5400kg(4 倍率);起吊重物离地 0.5m,调整螺钉 2 至使微动开关 6 瞬时换接,拧紧螺钉 2 上的紧固螺母。

4) 工作幅度小于 13m,起重量 3000kg(2 倍率)或 6000kg

(4倍率);起吊重物离地0.5m,调整螺钉3至使微动开关7瞬时换接,拧紧螺钉3上的紧固螺母。

5)各挡重量限制调定后,均应试吊2~3次检验或修正,各挡允许重量限制偏差为额定起重量的±5%。

(2)小车变幅式塔式起重机起重力矩限制器的调试

以QTZ63塔式起重机上使用的起重力矩限制器为例,介绍弓板式力矩限制器的调试方法,如图5-6所示。

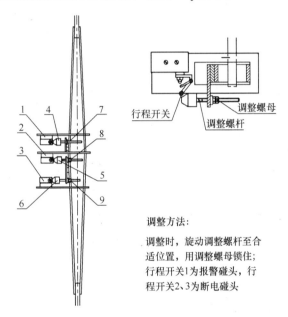

图5-6 弓板式力矩限制器调试示意图
1、2、3—行程开关;4、5、6—调整螺杆;7、8、9—调整螺母

1)当起重吊钩为空载时,用螺丝刀分别压下行程开关1、2和3,确认三个开关是否灵敏可靠:

①行程开关1为80%额定力矩的限制开关,压下该开关,联动台上蜂鸣报警;

②行程开关2、3为额定力矩的限制开关,压下该开关,起

升机构上升和变幅机构向前的工作电源均被切断,起重吊钩只可下降,变幅小车只可向后运行,且联动台上指示灯闪亮、蜂鸣持续报警。

2) 调整时吊钩采用四倍率和独立高度40m以下,起吊重物稍离地面,小车能够运行即可。

3) 工作幅度50m臂长时,小车运行至25m幅度处,起吊重量为2290kg,起吊重物离地塔式起重机平稳后,调整与行程开关1相对应的调整螺杆4至行程开关1瞬时换接,拧紧相应的调整螺母7。

4) 按定幅变码调整力矩限制器,调整行程开关2。

①在最大工作幅度50m处,起吊重量1430kg,起吊重物离地塔式起重机平稳后,调整与行程开关2相对应的调整螺杆5至使行程开关2瞬时换接,并拧紧相应的调整螺母8。

②在18.8m处起吊4200kg,平稳后逐渐增加至总重量小于4620kg时,应切断小车向外和吊钩上升的电源;若不能断电,则重新在最大幅度处调整行程开关2,确保在两工作幅度处的相应额定起重量不超过10%。

5) 按定码变幅调整力矩限制器,调整行程开关3。

①在13.72m的工作幅度处,起吊6000kg(最大额定起重量);小车向外变幅至14.4m的工作幅度时,起吊重物离地塔式起重机平稳后,调整与行程开关3相对应的调整螺杆6至使行程开关3瞬时换接,并拧紧相应的调整螺母9。

②在工作幅度38.7m处,起吊1800kg,小车向外变幅至42.57m以内时,应切断小车向外和吊钩上升的电源;若不能断电,则在14.4m处起吊6000kg,重新调整力矩限制器行程开关3,确保两额定起重量相应的工作幅度不超过10%。

6) 各幅度处的允许力矩限制偏差计算式为:

①80%额定力矩限制允许偏差:[1-额定起重量×报警时小

车所在幅度/（0.80×额定起重量×选择幅度）]≤5%；

②额定力矩限制允许偏差：[1－额定起重量×电源被切断后小车所在幅度/（1.05×额定起重量×选择幅度）]≤5%。

5.3.2 限位装置的调试

以 QTZ63 塔式起重机上使用的限位器为例，介绍多功能限位器的调试方法，如图 5-7 所示。

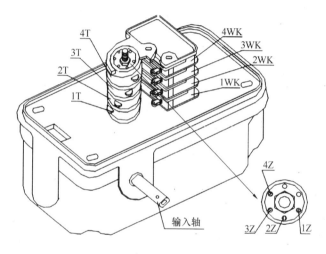

图 5-7 起升高度限位调试

1T、2T、3T、4T－凸轮；1WK、2WK、3WK、4WK－微动开关；
1Z、2Z、3Z、4Z－调整轴

根据需要将被控制机构动作所对应的微动开关瞬时切换。即：调整对应的调整轴 Z 使记忆凸轮 T 压下微动 WK 触点，实现电路切换。其调整轴对应的记忆凸轮及微动开关分别为：

1Z－1T－1WK

2Z－2T－2WK

3Z－3T－3WK

4Z—4T—4WK

(1) 起升高（低）度限位器调试

1) 调整在空载下进行，分别压下微动开关（1WK、2WK），确认该两挡起升限位微动开关是否灵敏可靠。

当压下与凸轮相对应的微动开关2WK时，快速上升工作挡电源被切断，起重吊钩只可低速上升；当压下与凸轮相对应的微动开关1WK时，上升工作挡电源均被切断，起重吊钩只可下降不可上升。

2) 将起重吊钩提升，使其顶部至小车底部垂直距离为1.3m（2倍率时）或1m（4倍率时），调动轴2Z，使凸轮2T动作至使微开关2WK瞬时换接，拧紧螺母。

3) 以低速将起重吊钩提升，使其顶部至小车底部垂直距离为1m（2倍率时）或0.7m（4倍率时），调动轴1Z，使凸轮1T动作至微动开关1WK瞬时换接，拧紧螺母。

4) 对两挡高度限位进行多次空载验证和修正。

5) 当起重吊钩滑轮组倍率变换时，高度限位器应重新调整。

(2) 变幅限位器的调试

1) 调整在空载下进行，分别压下微动开关（1WK、2WK、3WK、4WK），确认该四挡变幅限位微动开关是否灵敏可靠。

①当压下与凸轮相对应的微动开关2WK时，快速向前变幅的工作挡电源被切断，变幅小车只可以低速向前变幅。

②当压下与凸轮相对应的微动开关1WK时，变幅小车向前变幅的工作挡电源均被切断，变幅小车只可向后，不可向前。

③当压下与凸轮相对应的微动开关3WK时，快速向后变幅的工作挡电源被切断，变幅小车只可以低速向后变幅。

④当压下与凸轮相对应的微动开关4WK时，变幅小车向后变幅的工作挡电源均被切断，变幅小车只可向前，不可向后。

2）向前变幅及减速和臂端极限限位。

①将小车开到距臂端缓冲器 1.5m 处，调整轴 2Z 使凸轮 2T 动作至使微动开关 2WK 瞬时换接，（调整时应同时使凸轮 3T 与 2T 重叠，以避免在制动前发生减速干扰），并拧紧螺母。

②再将小车开至距臂端缓冲器 200mm 处，按程序调整轴 1Z 使凸轮 1T 动作至使微动开关 1WK 瞬时切换，并拧紧螺母。

3）向后变幅及减速和臂根极限限位。

①将小车开到距臂根缓冲器 1.5m 处，调整轴 4Z 使凸轮 4T 动作至使微动开关 4WK 瞬时换接。（调整时应同时使凸轮 3T 与 2T 重叠，以避免在制动前发生减速干扰），并拧紧螺母。

②再将小车开至距臂根缓冲器 200mm 处，按程序调整轴 3Z 使凸轮 3T 动作至使微动开关 3WK 瞬时切换，并拧紧螺母。

4）对幅度限位进行多次空载验证和修正。

（3）回转限位器的调试

1）将塔式起重机回转至电源主电缆不扭曲的位置。

2）调整在空载下进行，分别压下微动开关（2WK、3WK），确认控制向左或向右回转的这两个微动开关是否灵敏可靠。这两个微动开关均对应凸轮，分别控制左右两个方向的回转限位。

3）向右回转 540°即一圈半，调动轴 2Z（或 3Z），使凸轮 2T（或 3T）动作至使微动开关 2WK（或 3WK）瞬时换接，拧紧螺母。

4）向左回转 1080°即三圈，调动轴 3Z（或 2Z），使凸轮 3T（或 2T）动作至使微动开关 3WK（或 2WK）瞬时换接，拧紧螺母。

5）对回转限位进行多次空载验证和修正。

（4）大车行走限位的调试

1）将限位挡板固定，与限位触点对齐，并使行走限位触发时约距缓冲器 2m。

2）调整限位挡板使塔式起重机行走触发行走限位器后，停车位置距缓冲器距离不小于 1m。

3）行走限位开关置于轨道止挡装置之前 2m 左右，行走限位挡板应固定可靠，其高度和长度应能触发行走限位提前停车，不至于因惯性行走使大车碰到止挡装置。

5.4 塔式起重机的检验

塔式起重机检验分为型式检验、出厂检验和安装检验。

5.4.1 型式检验

有下列情况之一时，应进行型式检验：
（1）新产品投产投放市场前；
（2）产品结构、材料或工艺有较大变动，可能影响产品性能和质量；
（3）产品停产 1 年以上，恢复生产；
（4）国家质量监督机构提出进行型式检验的要求。

5.4.2 出厂检验

产品交货，用户验收时应进行出厂检验（或称交收检验）；出厂检验通常在生产厂内进行，特殊情况可在供、需双方协议地点进行；出厂检验应提供检验报告。

5.4.3 安装检验

（1）塔式起重机安装完毕后，安装单位应当按照安全技术标准及安装使用说明书的有关要求对塔式起重机进行检验、调试和试运转。

1) 结构、机构和安全装置检验的主要内容与要求见表5-4。

塔式起重机安装自检记录   表5-4

安装单位_____

工程名称			工程地址	
设备编号			出厂日期	
塔式起重机型号			生产厂家	
安装高度			安装日期	
序号	检查项目	标 准 要 求		检验结果
1	金属结构	主要结构件无可见裂纹和明显变形		
		主要连接螺栓齐全，规格和预紧力达到说明书要求		
		主要连接销轴符合出厂要求，连接可靠		
		过道、平台、栏杆、踏板应牢靠、无缺损，无严重锈蚀，栏杆高度不小于1m		
		梯子踏板牢固、有防滑性能；距地面不小于2m应设护圈，不中断；不大于12.5m设第一个休息平台，后每隔10m内设置一个		
		附着装置设置位置和附着距离符合方案规定，结构形式正确，附墙与建筑物连接牢固		
		附着杆无明显变形，焊缝无裂纹		
		平衡状态塔身轴线对支承面垂直度误差不大于4/1000		
		水平起重臂水平偏斜度不大于1/1000		
2	顶升与回转	应设平衡阀或液压锁，且与油缸用硬管连接		
		无中央集电环时应设置回转限位，回转部分在非工作状态下应能自由旋转，不得设置止挡器		
3	吊钩	防脱保险装置应完整可靠		
		钩体无补焊、裂纹，危险截面和钩筋无塑性变形		

续表

序号	检查项目	标 准 要 求	检验结果
4	起升机构	滑轮防钢丝绳跳槽装置应完整、可靠,与滑轮最外缘的间隙不大于钢丝绳直径的5%	
		力矩限制器灵敏可靠,限制值小于额定载荷110%,显示误差不大于5%	
		起升高度限位动臂变幅式不小于0.8m;小车变幅上回转2倍率不小于1m,4倍率不小于0.7m;小车变幅下回转2倍率不小于0.8m,4倍率不小于0.4m	
		起重量限制器灵敏可靠,限制值小于额定载荷110%,显示误差不小于5%	
5	变幅机构	小车断绳保护装置双向均应设置	
		小车变幅检修挂篮连接可靠	
		小车变幅有双向行程限位、终端止挡装置和缓冲装置,行程限位动作后小车距止挡装置不小于0.2m	
		动臂变幅有最大和最小幅度限位器,限制范围符合说明书要求;防止臂架反弹后翻的装置实质上固可靠	
6	运行机构	运行机构应保证起动制动平稳	
		在未装配塔身及压重时,任意一个车轮与轨道的支承点对其他车轮与轨道的支撑点组成的平面的偏移不得超过轴距公称值的1/1000	
7	钢丝绳和传动系统	卷筒无破损,卷筒两侧凸缘的高度超过外层钢丝绳两部直径,在绳筒上最少余留圈数不小于3圈,钢丝绳排列整齐	
		滑轮无破损,裂纹	
		钢丝绳端部固定符合说明书规定	
		钢丝绳实测直径相对于公称直径减小7%或更多时	
		钢丝绳在规定长度内断丝数达到报废标准的,应报废	

续表

序号	检查项目	标 准 要 求	检验结果
7	钢丝绳和传动系统	出现波浪形时,在钢丝绳长度不超过 $25d$ 范围内,若波形幅度值达到 $4d/3$ 或以上,则钢丝绳应报废	
		笼状畸变、绳股挤出或钢丝挤出变形严重的钢丝绳应报废	
		钢丝绳出现严重的扭结、压扁和弯折现象应报废	
		绳径局部增大通常与绳芯畸变有关,绳径局部严重增大应报废;绳径局部减小常常与绳芯的断裂有关,绳径局部严重减小也应报废	
		滑轮及卷筒均应安装钢丝绳防脱装置,装置完整、可靠,与滑轮或卷筒最外缘的间隙不大于钢丝绳直径的20%	
		钢丝绳穿绕正确,润滑良好,无干涉	
		起升、回转、变幅、行走机构都应配备制动器,工作正常	
		传动装置应固定牢固,运行平稳	
		传动外露部分应设防护罩	
		电气系统对地的绝缘电阻不小于 $0.5M\Omega$	
		接地电阻应不大于 4Ω	
		塔式起重机应单独设置并有警示标志的开关箱	
		保护零线不得作为载流回路	
		应具备完好电路短路缺相、过流保护	
		电源电缆与电缆无破损,老化。与金属接触处有绝缘材料隔离,移动电缆有电缆卷筒或其他防止磨损措施	
		塔顶高度大于30m,且高于周围建筑物时应安装红色障碍指示灯,该指示灯的供电不应受停机的影响	
		臂架根部铰点高于50m应设风速仪	

续表

序号	检查项目	标 准 要 求	检验结果
8	轨道及基础	行走轨道端部止挡装置与缓冲设置齐全、有效	
		行走限位制停后距止挡装置不小于1m	
		防风夹轨器有效	
		清轨板与轨道之间的间隙不应大于5mm	
		支承在道木或路基箱上,钢轨接头位置两侧错开不小于1.5m;间隙不大于4mm,高差不大于2mm	
		轨距误差小于1/1000且最大应小于6mm;相邻两根间距不大于6m	
		排水沟等设施畅通,路基无积水	
9	司机室	性能标牌齐全、清晰	
		门窗和灭火器、雨刷等附属设施齐全、有效	
10	平衡重压重	安装准确,牢固可靠	

自检结论:

自检人员: 单位或项目技术负责人:

2) 空载试验和额定载荷试验等性能试验的主要内容与要求见表5-5。

塔式起重机载荷试验记录表　　表5-5

工程名称		设备编号		
塔式起重机型号		安装高度		
载荷	试验工况	循环次数	检验结果	结论
空载试验	运转情况			
	操纵情况			

续表

载荷	试验工况	循环次数	检验结果	结论
额定起重量	最小幅度最大起重量			
	最大幅度额定起重量			
	任一幅度处额定起重量			
超载10%动载试验	最大幅度处，起吊相应额定重量的110%，做复合动作			
	最小幅度处，起吊110%最大起重量，做复合动作			
	任一幅度处，起吊相应额定起重量的110%，做复合动作			
超载25%静载试验	最大幅度处，起吊相应额定重量的125%			
	最小幅度处，起吊最大起重量的125%，起升制动器10min内吊重无下滑			
	最大与最小幅度间幅度之最大力矩点处，起吊相应额定起重量的125%			

试验组长： 电工：
试验技术负责人： 操作人员：
试验日期：

（2）安装单位自检合格后，应当经有相应资质的检验检测机构监督检验合格。

（3）监督检验合格后，塔式起重机使用单位应当组织产权（出租）、安装、监理等有关单位进行综合验收，验收合格后方可投入使用，未经验收或者验收不合格的不得使用；实行总承包的，由总承包单位组织产权（出租）、安装、使用、监理等有关单位进行验收。塔式起重机综合验收记录见表5-6。

塔式起重机综合验收表　　　　　　　　　　　　表5-6

使用单位		塔式起重机型号	
设备所属单位		设备编号	
工程名称		安装日期	
安装单位		安装高度	
检验项目	检 查 内 容		检验结果
技术资料	制造许可证、产品合格证、制造监督检验证明、产权备案证明齐全、有效		
	安装单位的相应资质、安全生产许可证及特种作业岗位证书齐全、有效		
	安装方案、安全交底记录齐全有效		
	隐蔽工程验收记录和混凝土强度报告齐全有效		
	塔式起重机安装前零部件的验收记录齐全有效		
标识与环境	产品铭牌和产权备案标识齐全		
	塔式起重机尾部与建筑物及施工设施之间的距离不小于0.6m		
	两台塔式起重机水平与垂直方向距离不小于2m		
	与输电线的距离符合现行国家标准《塔式起重机安全规程》(GB 5144)的规定		
自检情况	自检记录齐全有效		
监督检验情况	监督检验报告有效		
安装单位验收意见： 技术负责人签章：　　　日期：		使用单位验收意见： 项目技术负责人签章：　　　日期：	
监理单位验收意见： 项目总监签章：　　　日期：		总承包单位验收意见： 项目技术负责人签章：　　　日期：	

5.4.4 塔式起重机性能试验的方法

（1）空载试验

在塔式起重机空载状态下试验，检查各机构运行情况。接通电源后进行塔式起重机的空载试验，其内容和要求：

1）操作系统、控制系统、联锁装置动作准确、灵活；

2）起升高度、回转、幅度及行走、限位器的动作可靠、准确；

3）塔式起重机在空载状态下，操作起升、回转、变幅、行走等动作，检查各机构中无相对运动部位是否有漏油现象，有相对运动部位的渗漏情况，各机构动作是否平稳，是否有爬行、振颤、冲击、过热、异常噪声等现象。

（2）额定载荷试验

额定载荷试验主要是检查各机构运转是否正常，测量起升、变幅、回转、行走的额定速度是否符合要求，测量司机室内的噪声是否超标，检验力矩限制器、起重量限制器是否灵敏可靠。

塔式起重机在正常工作时的试验内容和方法见表5-7。每一工况的试验不得少于3次，对于各项参数的测量，取其三次测量的平均值。

（3）超载10%动载试验

试验载荷取额定起重量的110%，检查塔式起重机各机构运转的灵活性和制动器的可靠性；卸载后，检查机构及结构件有无松动和破坏等异常现象。一般用于塔式起重机的型式检验和出厂检验。

超载10%动载试验内容和方法见表5-8。根据设计要求进行组合动作试验，每一工况的试验不得少于三次，每一次的动作停稳后再进行下一次启动。塔式起重机各动作按使用说明书的要求进行操作，必须使速度和加（减）速度限制在塔式起重机限定范围内。

表 5-7 额定载荷试验内容和方法

序号	工况	试验范围					试验目的
		起升	变幅		回转	行走	
			动臂变幅	小车变幅			
1	最大幅度相应的额定起重量	在起升全范围内以额定速度进行起升、下降，在每一起升、下降过程中进行不少于三次的正常制动	在最大幅度和最小幅度之间，以额定速度俯仰变幅	在最大幅度和最小幅度之间，小车以额定速度进行两个方向的变幅	吊重以额定速度进行左右回转。对不能全回转的起重机，应超过最大回转角	以额定速度往复行走。在复直轨道上，吊重离地 500mm，单向行走距离不小于 20m	测量各机构的运行速度；机构及司机室噪声；力矩限制器、起重量限制器、重量限制器精度
2	最大幅度相应的最大吊重相应的最大幅度		不试	吊重在最小幅度和相应于该吊重的最大幅度之间，以额定速度进行两个方向的变幅			
3	具有多挡变速的起升机构，每挡变速允许的额定起重量			不试			测量每挡工作速度

注：1. 对于设计规定不能带载变幅的动臂式起重机，可以不按本表规定进行带载变幅实验。
2. 对于可变速的其他机构，应进行实验并测量各挡工作速度。

表 5-8 超载 10% 动载试验内容和方法

序号	工况	试验范围					试验目的
		起升	动臂变幅	小车变幅	回转	行走	
1	在最大幅度时吊起相应额定起重量的110%	在起升高度范围内，以额定速度进行起升、下降	在最大幅度和最小幅度之间，臂架以额定速度俯仰变幅	在最大幅度和最小幅度之间，以额定速度进行两个方向的变幅	以额定速度进行左右回转。对不能全回转的塔式起重机，应超过最大回转角	以额定速度进行往复行走。臂架垂直于机道。吊离地500mm，单向行走距离不小于20m	根据设计要求进行组合动作试验，并目测检查各机构运转的灵活性和制动性的可靠性。卸载后检查机构及结构各部件有无松动和破坏等异常现象
2	吊起最大额定起重量的110%，在该幅度时；吊重相应的最大幅度的最大额定起重量		不试				
3	在上两个幅度的中间幅度处，吊起相应额定起重量的110%			在最小幅度吊重和对应该幅度最大幅度吊重之间，小车以额定速度进行两个方向的变幅	不试		
4	具有多挡变速的起升机构，每挡速度允许的额定起重量的110%						

注：对设计规定不能带载变幅的动臂式塔式起重机，可以不按本表规定进行带载变幅实验。

(4) 超载25%静载试验

试验载荷取额定起重量的125%，主要是考核塔式起重机的强度及结构承载力，吊钩是否有下滑现象；卸载后塔式起重机是否出现可见裂纹、永久变形、油漆剥落、连接松动及对塔式起重机性能和安全有影响的损坏。一般用于塔式起重机的型式检验和出厂检验。

超载25%静载试验内容和方法见表5-9，试验时臂架分别位于与塔身成0°和45°两个方位。

超载25%静载试验内容和方法　　　　表5-9

序号	工 况	起 升	试 验 目 的
1	在最大幅度时，起吊相应额定起重量的125%	吊重离地面100～200mm处，并在吊钩上逐次增加重量至1.25倍，停留10min后同一位置测量并进行比较	检查制动器可靠性，并在卸载后目测检查塔式起重机是否出现可见裂纹、永久变形、油漆剥落、连接松动及其他可能对塔式起重机性能和安全有影响的隐患
2	吊起最大起重量的125%，在该吊重相应的最大幅度时		
3	在上两个幅度的中间处之，相应额定起重量的125%		

注：1. 试验时不允许对制动器进行调整；
　　2. 试验时允许对力矩限制器、起重量限制器进行调整。试验后应重新将其调整到规定值。

5.4.5 塔式起重机安全装置的试验方法

(1) 力矩限制器试验

力矩限制器的试验按照定幅变码和定码变幅的方式分别进行，各重复三次。每次均能满足要求。

1) 定幅变码试验

①在最大工作幅度R_0处以正常工作速度起升额定起重量

Q_0,力矩限制器不应动作,能够正常起升。载荷落地,加载至 110%Q_0 后以最慢速度起升,力矩限制器应动作,载荷不能起升,并输出报警信号。

②取 0.7 倍最大额定起重量（0.7Q_m）,在相应载荷允许最大工作幅度 $R_{0.7}$ 处,重复①项试验。

2）定码变幅试验

①空载测定对应最大额定起重量（Q_m）的最大工作幅度 R_m、0.8R_m 及 1.1R_m 值,并在地面标记。

②在小幅度处起升最大额定起重量（Q_m）离地 1m 左右,慢速变幅至 $R_m \sim 1.1R_m$ 间时,力矩限制器应动作,切断向外变幅和起升回路电源,并输出报警信号。

退回,重新从小幅度开始,以正常速度向外变幅,在到达 0.8R_m 时应能自动转为低速向外变幅,在到达 $R_m \sim 1.1R_m$ 间时,力矩限制器应动作,切断向外变幅和起升回路电源,并输出报警信号。

③空载测定对应 0.5 倍最大额定起重量（0.5Q_m）的最大工作幅度 $R_{0.5}$、0.8$R_{0.5}$ 及 1.1$R_{0.5}$ 值,并在地面标记。

④重复②项试验。

（2）起重量限制器试验

试验按以下程序进行,各项重复三次,每次均能满足要求。

1）最大额定起重量试验

正常起升最大额定起重量 Q_m,起重量限制器应不动作,允许起升。

载荷落地,加载至 110%Q_m 后以最慢速度起升,起重量限制器应动作,切断所有挡位起升回路电源,载荷不能起升并输出报警信号。

2）速度限制试验

对于具有多挡变速且各挡起重量不一样的起升机构,应分别对各挡位进行试验,方法同1）。试验载荷按各挡位允许的最大起重量计算。

(3) 行程限位试验

起升高度、幅度、回转和运行限位装置的试验,应在塔式起重机空载状态下按正常工作速度进行,各项试验重复进行三次,限位装置动作后,停机位置应符合相关规范的规定。

(4) 显示装置显示精度试验

试验按以下程序进行,各项重复三次。要求每次均能满足要求。

1) 幅度显示精度试验

空载状态下,取最大工作幅度的 30%（$R_{0.3}$）、60%（$R_{0.6}$）、90%（$R_{0.9}$）,小车在取点附近小范围内往返运行两次后停止,测定小车的实际幅度 $R_{0.3实}$、$R_{0.6实}$、$R_{0.9实}$,读取显示器相应显示幅度 $R_{0.3显}$、$R_{0.6显}$、$R_{0.9显}$。分别计算它们的算术平均值 $R_实$ 和 $R_显$,显示精度按式 (5-1) 计算:

$$\Delta R = \frac{|R_实 - R_显|}{R_实} \times 100\% \leqslant 5\% \qquad (5\text{-}1)$$

式中　ΔR——幅度显示精度;

$R_实$——实际幅度 $R_{0.3实}$、$R_{0.6实}$、$R_{0.9实}$ 的算术平均值 (m);

$R_显$——显示幅度 $R_{0.3显}$、$R_{0.6显}$、$R_{0.9显}$ 的算术平均值 (m)。

2) 起重量显示精度试验

分别起吊最大额定载荷的 30%（$Q_{0.3}$）、60%（$Q_{0.6}$）、90%（$Q_{0.9}$）,读取相应的显示起重量 $Q'_{0.3}$、$Q'_{0.6}$、$Q'_{0.9}$,分别计算它们的算术平均值 Q 及 Q',显示精度按式 (5-2) 计算:

$$\Delta Q = \frac{|Q - Q'|}{Q} \times 100\% \leqslant 5\% \qquad (5\text{-}2)$$

式中　ΔQ——起重量显示精度;

　　　Q——三次实际起重量的算术平均值 (kg);

　　　Q'——对应的三次显示起重量的算术平均值 (kg)。

3) 力矩显示精度试验

起吊载荷 Q_0,分别在最大工作幅度的 30%($R_{0.3}$)、60%($R_{0.6}$)、90%($R_{0.9}$)附近小范围内往返运行两次后停止,测定小车的实际幅度 $R_{0.3实}$、$R_{0.6实}$、$R_{0.9实}$,读取显示器相应显示力矩 $M_{0.3显}$、$M_{0.6显}$、$M_{0.9显}$ 并计算其算术平均值 M',显示精度按式(5-3)计算:

$$\Delta M = \frac{|M - M'|}{M} \times 100\% \leqslant 5\% \qquad (5\text{-}3)$$

式中 ΔM——起重量显示精度;

M'——三次显示起重力矩的算术平均值(kN·m);

M——对应的三次实际起重力矩的算术平均值(kN·m)。

M 按式(5-4)计算:

$$M = \frac{9.8 \times Q_0 \times (R_{0.3实} + R_{0.6实} + R_{0.9实})}{3000} \qquad (5\text{-}4)$$

式中 Q_0——最大工作幅度处额定起重量(kg)。

5.5 塔式起重机的拆卸

5.5.1 塔式起重机拆卸的一般程序

塔式起重机拆卸程序是安装程序的逆程序,一般按照先装后拆、自上而下的步骤进行。

(1)按照塔式起重机顶升操作方法依次将标准节卸下,使塔式起重机处于顶升加节前的高度位置。

(2)在起重臂头部系好溜绳,使吊钩落地,收起主钢丝绳,将小车固定在起重臂根部。

(3)拆除起升钢丝绳和各机构电缆。

(4)使用辅助起重设备卸下部分平衡重。

(5) 卸下起重臂。
(6) 拆除剩余配重和平衡臂。
(7) 拆卸塔帽、驾驶室、回转总成。
(8) 拆卸顶升套架总成、操作平台。
(9) 拆卸剩余标准节、基础节和底架。

5.5.2 拆卸作业中特别注意的事项

(1) 拆卸附墙杆

自升式塔式起重机拆卸时，应首先利用液压顶升装置降节，拆卸标准节。当塔式起重机高度降低至附着装置附近时，方可拆除附墙装置。附墙杆拆卸时，应先拆附墙杆，再拆附墙框。需要注意的是，由于安装时塔身垂直度由附墙杆调节，造成塔身与附墙杆存在一定内力。当拆除附墙杆与建筑物的连接时，塔身的约束释放，会产生回弹，因此作业人员必须注意选择安全的操作位置，避免产生意外。

(2) 拆卸起重臂

拆卸起重臂前，先应拆卸平衡重，拆卸数量应符合说明书规定。

1) 拆卸起重臂拉杆。先在规定的吊点位置装好相应吊索具，挂在辅助起重设备的吊钩上，然后解除前、后拉杆与塔帽的连接，并将拉杆固定在起重臂上弦杆上。

2) 拆销轴。先拆除起重臂根部一侧销轴，观察根部位置的变动，调整起吊的高度使起重臂根部与塔身连接座在同一平面内，然后拆另一销轴。

3) 在拆除最后一根销轴时，为防止由于吊点位置不准确等因素的影响，作业人员必须选择好操作位置，系好安全带，避免因起重臂与塔身脱离时产生撞击、晃动而造成的伤害。

5.6 常见塔式起重机的安装拆卸实例

不同类型的塔式起重机安装和拆卸的方法和要求不同,实际作业中应以每台塔式起重机的使用说明书为准。现选择了FO/23B和TC5610两种有一定代表性的塔式起重机安装拆卸实例,以供塔式起重机安装拆卸人员参考。

5.6.1 FO/23B型塔式起重机的安装、顶升和拆卸程序

FO/23B型塔式起重机是引进法国POTAIN公司生产技术的产品,起重臂可拼装成30m、35m、40m、45m、50m等五种长度,并可组合成轨道行走式、固定附着式、内爬式等多种型式,其结构组拼如图5-8所示。

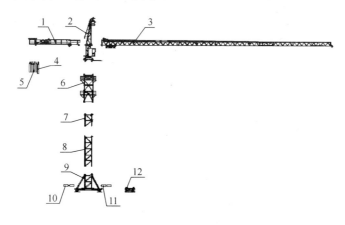

图5-8 FO/23B型塔式起重机结构组拼示意图
1—平衡臂;2—回转及塔顶;3—起重臂;4、5—配重;6—套架;
7、8—标准节;9—压重底架;10—压重块1;11—压重块2;12—固定脚

(1) 行走式塔式起重机的安装与拆卸

1) 构筑轨道基础

该机采用装配式的箱形轨道，轨道、路基的铺设如图 5-9 所示，应根据塔式起重机的安装重量选择轨道铺设参数。不同轨道最大支座反力的塔式起重机轨道、路基参数见表 5-10。

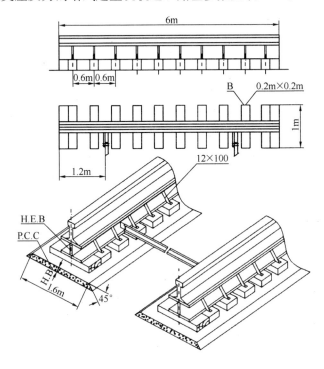

图 5-9 FO/23B 塔机轨道铺设示意图

B—木轨枕；H. E. B—工字钢型号；H. B—路基高度；
P. C. C—夯实砟石（直径 40～60mm）

2) 安装底架及基础节（图 5-10）

①根据起重机安装位置，按轨道横向 6m、纵向 6m 正方形确定台车位置，把行走台车放置在轨道四点上，用夹轨器与轨道固定。台车传动机构向轨道内侧，用方木在台车内侧垫至水平，

外侧也用方木支顶牢固。

塔式起重机轨道、路基参数 表 5-10

R	<50	60	70	80	90	100	110	120	130	140	150	230
H.E.B	220	220	260	260	320	320	360	360	400	400	400	450
H.B	200	200	200	250	250	300	350	350	300	350	400	500
P.R	45	45	50	50	50	50	54	54	54	54	54	45

注：1. R——轨道最大支座反力（t）；H.E.B——工字钢高度（mm）；

2. H.B——路基高度（mm）；

3. P.R——每米钢轨重量（kg）。

② 先将横梁吊装在行走台车上，再将纵梁吊装在横梁上，都用螺栓连接（不要紧固），再吊装斜撑，用销轴把横梁和纵梁相连接。

③ 将塔身基础节吊放在纵梁上，用螺栓连接，注意安装编号及方法。再安装斜撑，安装时要对号入座。当斜撑把基础节和横梁用销轴销好后，再紧固纵梁和横梁、横梁和台车的连接螺栓。

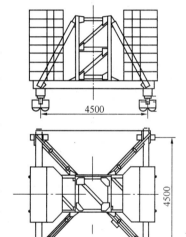

④ 安装最底层的三节爬梯。

图 5-10 底架、压重及基础节

⑤ 装上压重，应根据不同高度、幅度要求配置。安装压重块要对称放置，并用拉杆与塔身拉紧，再用螺栓连接牢固。

⑥ 安装电缆卷筒。

3）安装顶升套架及过渡节

① 竖立顶升套架，安装走道平台，立起走道撑杆，用销轴固定在套架上，安装防护栏。

②安装套架两侧扶梯。

③将顶升液压缸安装在套架的横梁上,用销轴固定在耳板上,活塞杆朝下。

④把过渡节立起来,在最下部装上挂靴和顶升横梁(扁担横梁)。

⑤把安装好的套架用起重机吊起,套在过渡节上,在套到距过渡节底部1m处,把液压缸活塞杆和顶升横梁用销轴连接。

⑥在套架敞口的一面,用100mm×150mm×300mm的木枋通过8号钢丝绑牢,以防吊装时变形(也可用固定支杆)。

⑦用4根6m长,直径19.5mm的吊索,吊在过渡节的四角,用卡环连接,吊放在基础节上。

⑧把过渡节和基础节用销轴连接后,再把吊索挂在套架上吊起,把套架和过渡节脱开后,下降至使过渡节高出套架500mm时停止,再把挂靴和过渡节挂牢。

4)安装转台及回转支承

①先在地面上安装好引进梁,再进行吊装,吊装时要注意与过渡节的连接,引进梁的方向和套架开口方向要一致。

②转台吊装,要用4根直径19.5mm、长6m的吊索,吊点应设置在转台四根钢结构销轴孔处,用卡环连接,严禁对角兜挂。

③将回转支承放在过渡节上,用$4\times2\phi55$的销轴与过渡节连接,用$4\times1\phi20$的销轴固定,再用$4\times1\phi70$的销轴与顶升套架连接。

④如果起重机起重量允许,也可将转台、塔帽、驾驶室等在地面拼装后一次吊装。

5)安装塔帽及驾驶室

①先在地面上把塔帽和驾驶室节组装好。

②吊起塔帽及驾驶室节与回转支承上部连接。

③安装前先检查力矩限位器有无损伤，吊装过程中：不要碰撞力矩限位器。

6) 安装平衡臂

①在地面上组装好平衡臂，包括：平衡臂结构、操作平台、护栏、扶手、起升机构及辅助卷扬机等。

②将平衡臂拉杆如图 5-11 所示顺序装在平衡臂架上，用方木垫好，不要使拉杆压上电阻箱。

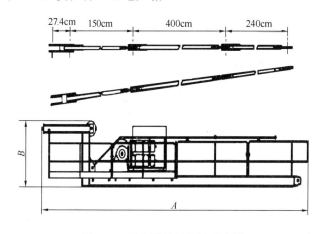

图 5-11　平衡臂拉杆组装示意图

③吊装平衡臂前选择好最佳吊车的位置，选用比较大的安全系数，以保证吊装中的稳定状态。

④吊装时吊点位置选用平衡臂上专用吊点四个吊耳，用销轴或大卡环连接。

⑤平衡臂与塔顶用销轴连接后，将平衡臂提起 15°，再将拉杆连接起来，然后使平衡臂缓慢放下。

⑥吊装平衡臂时，必须在平衡臂前端设置拉绳，以便引导平衡臂正确就位。

7) 安装起重臂

①在地面上组装好起重臂，包括：臂根节总成，臂根节构

架、变幅机构拉杆、起重臂节（根据需要长度加节）、双拉杆、臂端节、起重小车、安全绳防护栏、检修平台等。

②拼装的起重臂，要用专用铁凳或垫木垫高约 1.5m，安装长臂时（50m），中间要加一个垫点。

③在起重臂根节的限位处（止动块）安装起重小车，然后穿绕牵引钢丝绳，使后牵引绳穿过臂滑轮，将一端固定在小车的卷筒法兰盘上，另一端使钢丝绳绕在卷筒上，其长度应保证卷筒上有 8 圈余量。前牵引绳从卷筒绕 4 圈后引向起重臂前方，通过臂上弦 2 个滑轮后再穿过臂端导向滑轮，最后返回小车固定在棘轮上，再张紧牵引小车后绳。小车牵引钢丝绳规格为 6×19。

④将检修平台装在小车上，用两根销轴销好。

⑤穿绕起升钢丝绳，将钢丝绳穿过游动滑轮、塔顶滑轮、测力滑轮、腰形绳轮到吊钩滑轮组，绳端安装楔套，与起重臂端部的转环锁固。

⑥将安全绳系在臂架头部，穿过臂架的弦杆小钩，固定在起重臂最后一根腹杆上。

⑦用汽车起重机吊装组装好的起重臂，吊点位置如图 5-12 所示，两绳距离约 5m。吊索骑着起重臂拉杆，即：一边绳在拉杆左边，另一边绳在拉杆右边。

⑧吊起起重臂将臂架稍微倾斜，以便使臂根对准塔帽上相应的支座，并用销轴铰接，在平衡臂根部安装张紧装置，使用张紧装置将拉杆连接好，并将起重臂吊起，以减少张紧装置的张紧力。

⑨慢慢放下起重臂，使拉杆受力。再安装臂架根部的扶手栏杆，把暂时固定在臂根的钢绳系在塔帽上，拆下张紧装置。

8）安装平衡重

①根据起重臂长度，选择平衡重的规格及数量，吊装平衡重块。

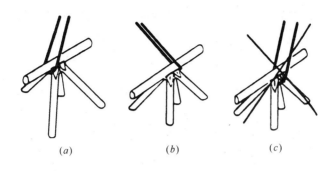

图 5-12 吊装起重臂时吊点位置设置
(a)(b) 正确；(c) 错误

②全部平衡重装上后，必须用拉杆穿过平衡重块上的孔，使之锁在一起，并用螺栓连接牢固。

9) 顶升接高程序

F0/23B 型自升塔式起重机属侧顶升结构，液压缸设置在顶升套架的后侧（即位于平衡臂的一侧），缸筒上端铰装在套架结构上，活塞杆伸出端的端头铰装有一个类似元宝形的扁担横梁。扁担横梁两端可支在焊接于塔身节主弦杆的踏步（即牛腿托架）上。开动液压泵，压力油注入液压缸，活塞杆向外伸出，起重机上部随之而被顶起。踏步间距为 1～1.5m，根据一个塔身标准节的长度，液压缸需经历 3～5 个顶升行程才能构成接高一个塔身节所必要的引进空间。

①顶升前的准备

a. 按顶升高度，把所需的塔身节排放在塔身引进方向一侧，并在起重臂下方。

b. 将起重臂转至塔身引进方向一侧，使起重臂与引进方向重合，然后锁定。

c. 放松电源电缆线，使电缆长度略大于总的顶升高度。

d. 吊起一个塔身标准节，放入顶升套架的引进轨道。

e. 以顶升液压缸为支承平面的中心，按理论计算数据，吊钩吊起重物（一般为标准节）在一定的幅度，使前后的弯矩平衡。

f. 调整好顶升套架滚轮与塔身的间隙，一般以 2～5mm 为宜。

g. 接通液压泵电源，检查液压顶升系统是否正常。

② 顶升接高程序

a. 液压缸活塞杆扁担横梁支在塔身节主弦杆的踏步上，开动液压泵，活塞杆伸出，使起重机上部被顶起（图 5-13）。

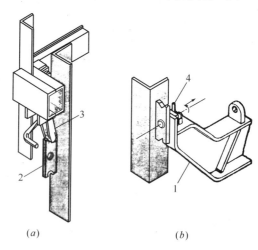

图 5-13 套架、扁担横梁与踏步
(a) 顶升套架与踏步；(b) 扁担横梁与踏步
1—扁担横梁；2—踏步；3—爬爪；4—连接销轴

b. 使顶升套架的爬爪支在塔身节的踏步上，从而托住起重机上部已被顶起的部分。

c. 卸下扁担横梁与踏步的连接销轴，缩回液压缸的活塞杆。

d. 使扁担横梁落在上一层踏步上，并用销轴将横梁与该踏步连接牢固。

e. 按照上述操作完成三个顶升循环,从而在顶升套架内完成推入一个塔身标准节所必要的引进空间。

f. 使塔身标准节沿着引进轨道滑入顶升套架的引进间。

g. 操纵液压机组,将塔身上部稍微顶起,通过控制杆把爬爪从踏步上移开。

h. 将液压机组拨至下降位置,塔身节缓缓下降,注意使塔身节主弦杆插入鱼尾板中,穿上连接销轴并加以固定,然后使塔身节内的爬梯与下部爬梯对中就位。

i. 松开吊具,将摆渡小车完全与塔身脱开并推出套架,使其停置于引进轨道悬伸端部。

j. 操纵液压机组,使塔身上部下降,塔身主弦杆插入经接装完毕的塔身节的鱼尾板内。然后插入安全定位销4个,使上下连接牢固。

k. 解下吊钩滑轮上的平衡重,通过吊具把下一个待接高的塔身标准节吊起,并挂在引进轨道上。

l. 开动起升机构,在吊钩滑轮上挂好平衡重,使起重机上部保持平衡。

m. 卸下安全定位销,然后重复前述操作程序顶升并接高另一个塔身标准节,直至使塔身达到预定高度。

n. 塔身升到预定高度后,引进的标准节应与回转支承用规定的螺栓和销轴连接固定住。

③顶升后的检查和清理

a. 检查新接高的标准节间的连接螺栓是否紧固,连接销轴是否已装上止动销,尤其要检查下支座与塔身的连接。

b. 行走状态工作时,需放下顶升套架到底架处。不需放下顶升套架的,应把顶升套架导轮与塔身之间的间隙调大,使顶升套架与塔身主角钢完全脱离接触。

c. 拆下引进架,以使起重小车能在小的回转半径内有效地作业。

d. 缩回液压缸活塞，切断液压顶升系统电源。

10）拆卸程序

拆卸采用与安装相反的程序，即后安装的先拆，先安装的后拆。其作业顺序为：顶升上部塔身，卸掉接高的标准节，以降下塔身→卸下平衡重→拆卸起重臂→拆卸平衡臂→拆卸塔帽→拆卸驾驶室→拆卸转台及承座→拆卸顶升套架→拆卸液压顶升机构→拆卸塔身标准节和基础节→卸下压重块→拆卸底架及行走台车。拆卸时一般用汽车起重机作为辅机，并准备好运输车辆，做到随拆、随运往新工地。

11）拆卸作业中注意事项

①降到基础节前，应先把斜撑拆除，当顶升套架降到基础节后，方可拆卸臂架。

②拆卸解体过程中，必须注意钢丝绳的穿绕情况。拆卸起重臂时，要先松解起重钢丝绳，并将起重小车固定在指定部位。在拆卸平衡臂之前，必须将全部钢丝绳收回绕在卷筒上。

（2）附着式塔式起重机安装与拆卸

附着式塔式起重机是轨行式去掉行走机构，将塔身底架或底节直接固定于混凝土基础上，并将塔身通过附着装置与建筑物锚固，从而使塔式起重机最大起升高度可达 200m。

1）构筑固定基础

塔式起重机采用整体式钢筋混凝土基础，如图 5-14 所示。塔式起重机在整体式混凝土基础上的固定方式，如图 5-15 所示。

2）安装程序

将塔身底架或底节直接固定于混凝土基础上，其以上部分的安装，与轨道式起重机的安装程序完全相同。

3）附着锚固程序

FO/23B 型塔式起重机的附着锚固装置由附着框架、附着杆

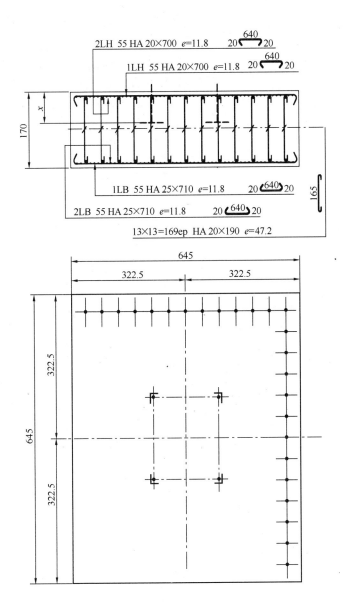

图 5-14 塔式起重机整体式钢筋混凝土基础

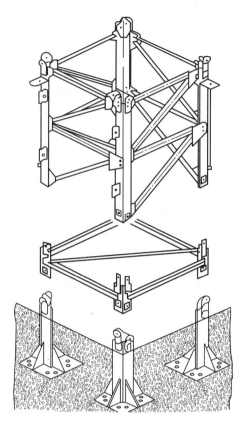

图5-15 塔式起重机在整体式混凝土基础上的固定方式

和支座组成。在建筑物附着点上，预埋附着杆支座，预埋处应适当加固，要求安全可靠。

①吊装附着框架

如图5-16所示，将一侧的附着框架吊至塔身的附着点处（应使附着框架呈水平起吊），先用钢丝将其固定在塔身上。将另一侧附着框架吊起就位，然后将两外侧框架连接成一片。附着框架在塔身轴向固定可用钢丝或其他固定方式，侧向固定靠每个框架自身的固定装置，在确定框架处于水平位置之后再进行固定。

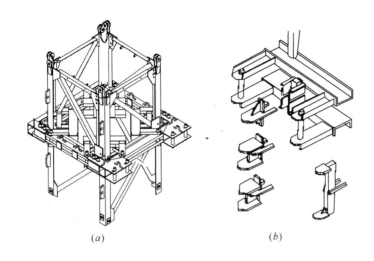

图 5-16 附着装置构造及安装示意图
(a) 附着装置构造；(b) U 形卡箍构造

若未处于水平位置，应先调平后再固定。

②安装附着杆

a. 将附着杆在地面上装配到所需长度。

b. 将附着杆吊至附着点处，先对准附着框架的销轴孔，打入连接销，然后在建筑物预埋支座处，旋转调整螺杆，对准销轴孔，打入连接销轴。

4) 调整塔身垂直度

①用经纬仪在横向和纵向两个方向对塔身进行观测，通过调整附着杆的调整螺杆，使塔身处于垂直位置后，用锁紧螺母固定。

②附着锚固的技术要求和注意事项：

a. 自由行走的塔身高度为 61.6m，超过此高度时，应进行附着锚固。

b. 塔身中心至建筑物外墙面设计距离为 5.45m。如距离有变化，附着杆规格应另行设计。

c. 第一道附着装置距地面为 48m，最多可安装 14 个塔身标准节；第一道附着装置距第二道附着装置应为12个塔身标准节。不同附着高度的附着装置布设按方案实施。

d. 采用三杆式附着杆系，两边附着杆与建筑物墙面的夹角为 $45°\sim60°$，上、下两道附着杆布置应交叉错开。

e. 附着框架应安装在塔身标准节中间，连接螺栓应紧固，各铰点销轴应用定位压板紧固或用开口销防脱。

f. 附着支座埋设处应有足够的强度，保证受力后不产生变形松动。

g. 由于塔式起重机与建筑物的间距难以一致，而附着杆的长度有一定限制的，超限时应重新设计，增大附着杆截面。

h. 由于建筑物表面结构各不相同，因此附着杆与建筑物墙面的夹角不一定与设计角度相同，如角度有变化时，应重新验算附着杆的应力及稳定性。

5）拆卸程序

附着式塔式起重机拆卸程序与轨道式相同。但附着装置的拆卸必须待塔身降到附着框架位置时方可进行，严禁先拆附着装置再降下塔身。

（3）内爬式塔式起重机的安装与拆卸

FO/23B型塔式起重机改装为内爬式时，其爬升装置采用侧顶升液压爬升系统，由爬升框架、液压机组、液压缸及扁担横梁等部件组成。

1）构筑基础

内爬式塔式起重机的基础与附着式相同，构筑时可与建筑物混凝土基础连成一体，或在建筑物构筑混凝土基础时同时构筑。

2）安装程序

内爬式塔式起重机的安装程序与轨道式或附着式相同，不同处是不需要安装行走底架和顶升套架，也不需要加装标准节以接高塔身。

3）爬升程序

①松开混凝土基础与基础节的连接螺栓，使塔身与基础脱开。

②伸出活塞杆，使塔身向上顶起，开始爬升。

③微微降下塔身，使下爬升框架上的爬爪支住塔身主角钢上的踏步块，锁固塔身而不使其下落。

④收回活塞杆，使扁担横梁托住次一个踏步块。

⑤再一次伸出活塞杆，顶起塔身。

⑥按上述程序进行多次爬升循环，即可完成塔式起重机爬升一次的全过程，经过固定，便可使升高后的起重机在新的一个楼层上进行吊装作业。

4）拆卸程序

内爬塔式起重机需要从高层建筑屋顶处拆卸到地面上，应根据建筑结构特点和施工现场条件，以及能提供的起重设备等具体情况采取相应的拆卸方案。方案的中心是如何在顶层进行解体后将部件卸至地面。常用的方法有：采用人字扒杆、专门搭设的台灵架或屋面起重机作为拆卸起重设备。

内爬塔式起重机的拆卸顺序是：开动爬升系统使起重机沿爬升井筒下降，让起重臂下落到与顶层屋面平齐→拆卸平衡重→拆卸起重臂→拆卸平衡臂→拆卸塔顶及驾驶室→开动爬升系统顶升塔身→拆卸转台及回转支承装置→逐节顶起并拆卸塔身标准节→拆卸底座、爬升系统及附件。

5.6.2 TC5610型塔式起重机安装、顶升拆和卸程序

TC5610型塔式起重机为水平臂架、小车变幅、上回转自升式塔式起重机，额定起重力矩600kN·m，最大起重量6t，独立高度40.5m，最大工作幅度56m。

（1）构筑基础

TC5610型塔式起重机的基础可采用整体钢筋混凝土固定支腿基础和预埋螺栓固定基础两种形式。

1）整体钢筋混凝土固定支腿基础

①整体钢筋混凝土固定支腿基础的基本要求如下：

a. 混凝土强度等级C35，基础土质要求坚固牢实，且承压力不小于0.2MPa；

b. 混凝土基础的深度应大于1000mm；

c. 固定支腿上表面应校水平，平面度误差为2/1000。

②固定支腿基础如图5-17所示，施工要求如下：

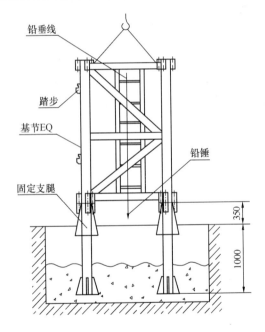

图5-17 固定支腿的结构示意图

a. 将4只固定支腿与预埋支腿固定基节EQ用12件10.9级高强螺栓装配在一起；

b. 为了便于施工，当钢筋捆扎到一定程度时，将装配好的固定支腿和预埋支腿固定基节 EQ 整体吊入钢筋网内；

c. 固定支腿周围的钢筋数量不得减少和切断；

d. 主筋通过支腿有困难时，允许主筋避让；

e. 吊起装配好的固定支腿和预埋支腿固定基节 EQ 整体，浇筑混凝土。在预埋支腿固定基节 EQ 的两个方向中心线上挂铅垂线，保证预埋后预埋支腿固定基节 EQ 中心线与水平面的垂直度不大于 1.5/1000；

f. 固定支腿周围混凝土充填率必须达到 95% 以上；

g. 固定支腿应由生产厂配套，只能使用一次，不能从基础中挖出来重新使用。

2）预埋螺栓固定基础

①基础开挖至老土（基础承载力应不小于 0.2MPa）找平，回填 100mm 左右卵石夯实，周边配模或砌砖后再行编筋浇筑 C35 混凝土，基础周围地面低于混凝土表面 100mm 以上以利排水，周边配模拆模以后回填卵石。

②垫板下混凝土填充率大于 95%，四块垫板上平面应保证水平，垫板允许嵌入混凝土内 5~6mm。

③四组地脚螺栓（16 根）相对位置必须准确，组装后必须保证地脚螺栓孔的对角线误差不大于 2mm，确保固定基节的安装。

④允许在固定基节与垫板之间加垫片，垫片面积必须大于垫板面积的 90%，且每个支腿下面最多只能加两块垫片，确保固定基节安装后的水平度小于 1/750，其中心线与水平面垂直度误差为 1.5/1000。

⑤拧紧地脚螺栓时，不许用大锤敲打扳手。

⑥地脚螺栓只能使用一次，不许挖出来重新使用。因地脚螺栓为重要受力件，建议用户到塔式起重机制造商处购买。如用户自行制作地脚螺栓时，一定要符合图纸要求。

3）底架固定式基础

底架固定式地基采用四块整体钢筋混凝土基础，对基础的基本要求如下：

①混凝土强度等级 C35。基础下土质应坚固密实，承压力不小于 0.2MPa，混凝土养护期大于 15d。

②混凝土基础的深度应大于 800mm。

③混凝土基础与底梁接触表面应校水平，四块垫板平面度误差为 1/750。

④四个块基础中心连线的中间挖 1300mm×1300mm 深 800mm 的坑，便于底梁安装。

⑤四块垫板相对位置必须准确，以保证底架的地脚螺栓安装。

⑥在底架基础节两个方向的中心线上挂铅垂线，保证安装后底架基础节中心线与水平面的垂直度不大于 1.5/1000。

⑦四块垫板周围混凝土充填率必须达 95% 以上。

（2）安装塔身节

塔式起重机在起升高度为 40.5m 的独立状态下共有 14 节塔身节。包括一节固定基节 EQ、一节标准节 EQ、12 节标准节 E，塔身节内有供人上下的爬梯，并有供人休息的平台。安装塔身节应按如下步骤进行：

1）如图 5-18 所示，吊起 1 节标准节 EQ。注意不得将吊点设在水平斜腹杆上。

2）将 1 节标准节 EQ 吊装到固定基节 EQ 上，用 12 件 10.9 级高强度螺栓连接固定。

3）将 1 节标准节 E 吊装到标准节 EQ 上，用 8 件 10.9 级高强度螺栓连接固定。

4）所有高强度螺栓的预紧扭矩应达到 1400N·m，每根高强度螺栓均应装配两个垫圈和两个螺母，并拧紧。防松螺母预紧

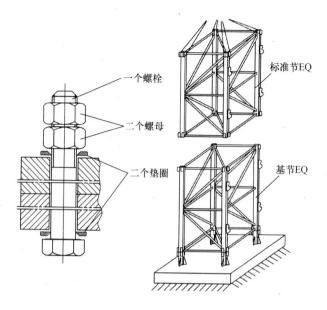

图 5-18 塔身节的安装

扭矩应稍不小于1400N·m。

5) 用经纬仪或吊线法检查垂直度，主弦杆四侧面垂直度误差应不大于 1.5/1000。

（3）安装爬升架

爬升架主要由套架结构、平台、爬梯及液压顶升系统、塔身节引进装置等组成，如图 5-19 所示。塔式起重机的顶升安装主要靠爬升架完成。

顶升油缸安装在爬升架后侧的横梁上（即预装平衡臂的一侧），液压泵站放在液压缸一侧的平台上，爬升架内侧有 16 个滚轮，顶升时滚轮支于塔身主弦杆外侧，起导向作用。爬升架中部及上部位置均设有平台。顶升时，工作人员站在平台上，操纵液压系统，引入标准节，固定塔身螺栓，实现顶升。

爬升架的安装按如下步骤进行：

1) 吊起组装好的爬升架，注意顶升油缸的位置必须在塔身

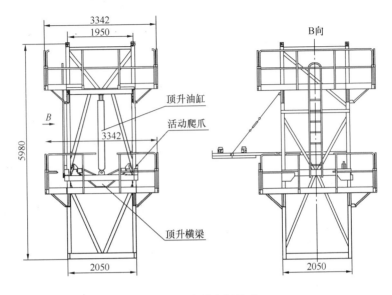

图 5-19 爬升套架总成

踏步同侧。

2) 将爬升架缓慢套装在已安装好的塔身节外侧。

3) 将爬升架上的活动爬爪放在标准节 EQ 上部的踏步上。

4) 安装顶升油缸,将液压泵站吊装到平台一角,接油管,检查液压系统的运转情况。

(4) 安装回转总成

回转总成包括下支座、回转支承、上支座、回转机构共四部分。下支座下部分别与塔身节和爬升架相连,上部与回转支承通过高强度螺栓连接。上支座一侧有安装回转机构的法兰盘及平台,另一侧工作平台有司机室连接的支耳,前方设有安装回转限位器的支座。用 $\phi 55$ 的销轴将上支座与塔帽连成一个整体。回转总成的安装按如下步骤进行:

1) 检查回转支承上 8.8 级 M24 高强度螺栓的预紧力矩是否达 640N·m,且防松螺母的预紧力矩稍不小于 640N·m。

2）将吊点设在上支座φ55的销轴上,将回转总成吊起。

3）下支座的8个连接套对准标准节E四根主弦杆的8个连接套,缓慢落下,将回转总成放在塔身顶部。下支座与爬升架连接时,应对好四角的标记。

4）用8件10.9级的M30高强度螺栓将下支座与标准节E连接牢固（每个螺栓用双螺母拧紧）,螺栓的预紧力矩应达到1400N·m,双螺母中防松螺母的预紧力矩应稍不小于1400N·m。

5）操作顶升系统,将顶升横梁伸长,使其销轴落到第2节标准节EQ的下踏步圆弧槽内,将顶升横梁防脱装置的销轴插入踏步的圆孔内,再将爬升架顶升至与下支座连接耳板接触,用四根销轴将爬升架与下支座连接牢固。

（5）安装塔帽

塔帽总成的结构,如图5-20所示。

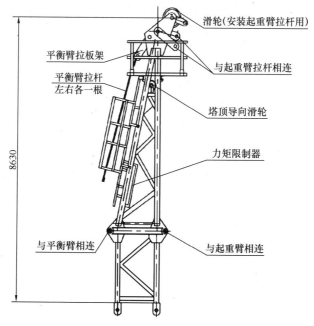

图5-20 塔帽总成

塔帽上部为四棱锥形结构，顶部有平衡臂拉板架和起重臂拉板并设有工作平台，以便于安装各拉杆；塔帽上部设有起重钢丝绳导向滑轮和安装起重臂拉杆用的滑轮，塔帽后侧主弦下部设有力矩限制器并设有带护圈的扶梯通往塔帽顶部。塔帽下部为整体框架结构，中间部位焊有用于安装起重臂和平衡臂的耳板，通过销轴与起重臂、平衡臂相连。塔帽的安装按如下步骤进行：

1）吊装前在地面上先把塔帽上的平台、栏杆、扶梯及力矩限制器装好（为方便安装平衡臂，可在塔帽的后侧左右两边各装上一根平衡臂拉杆）；

2）将塔帽吊到上支座上，应注意将塔帽垂直的一侧对准上支座的起重臂方向；

3）用4件$\phi 55$销轴将塔帽与上支座紧固。

（6）安装平衡臂总成

平衡臂是槽钢及角钢组焊成的结构，平衡臂上设有栏杆、走道和工作平台，平衡臂的前端用两根销轴与塔帽连接，另一端则用两根组合刚性拉杆同塔帽连接。平衡臂的尾部装有平衡重、起升机构，电阻箱、电气控制箱布置在靠近塔帽的一节臂节上。起升机构本身有其独立的底架，用四组螺栓固定在平衡臂上。平衡臂总成的安装按如下步骤进行：

1）在地面组装好两节平衡臂，将起升机构、电控箱、电阻箱、平衡臂拉杆装在平衡臂上并固接好。回转机构接临时电源，将回转支承以上部分回转到便于安装平衡臂的方位；

2）如图5-21所示，吊起平衡臂（平衡臂上设有4个安装吊耳）；

3）用销轴将平衡臂前端与塔帽固定连接好；

4）将平衡臂逐渐抬高，便于平衡臂拉杆与塔帽上平衡臂拉杆用销轴连接；

5）慢慢地将平衡臂放下，再吊装一块2.90t重的平衡重安

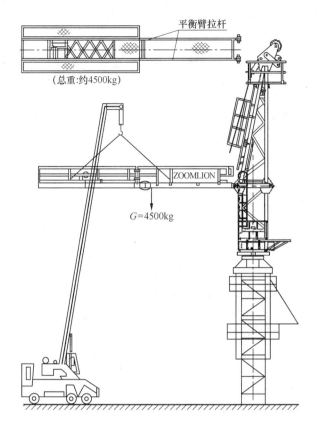

图 5-21 吊装平衡臂

装在平衡臂最靠近起升机构的安装位置上。

(7) 安装起重臂总成

1) 在塔式起重机附近平整的枕木 (或支架,高约 0.6m) 上拼装好起重臂。

2) 将载重小车套在起重臂下弦杆的导轨上,安装紧固维修吊篮,并使载重小车尽量靠近起重臂根部最小幅度处。

3) 安装牵引机构,卷筒绕出两根钢丝绳,其中一根短绳通过臂根导向滑轮固定于载重小车后部,另一根长绳通过起重臂中间及头部导向滑轮,固定于载重小车前部。

4) 起重臂拉杆拼装好后,放在起重臂上弦杆定位托架内。

5) 接通回转机构的临时电源,将塔式起重机上部结构回转到便于安装起重臂的方位。

6) 按图 5-22 所示拴好吊索试吊,起吊起重臂总成至安装高度;用销轴将塔帽与起重臂根部连接固定。

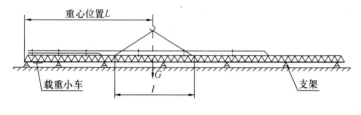

图 5-22 吊装起重臂

7) 接通起升机构电源,放出起升钢丝绳,并穿过塔帽顶部滑轮,与起重臂拉杆端部连接;用汽车吊逐渐抬高起重臂的同时开动起升机构,拉动起重臂拉杆,使其靠近塔顶拉板;将起重臂长短拉杆分别与塔顶拉板 Ⅰ、Ⅱ 用销轴连接固定;用汽车吊使起重臂缓慢放下。

8) 使拉杆处于拉紧状态,最后松脱滑轮组上的起升钢丝绳。

(8) 安装平衡重

根据所使用的起重臂长度,按要求吊装平衡重。

(9) 穿绕钢丝绳

起升钢丝绳由起升机构卷筒放出,经排绳滑轮,绕过塔帽导向滑轮向下进入塔顶上起重量限制器滑轮,向前再绕到载重小车和吊钩滑轮组,最后将绳头用销轴固定在起重臂端部的防扭装置上。

(10) 接电源及试运转

当整机按前面的步骤安装完毕后,测量塔身轴心线对支承面的垂直度，再按电路图的要求接通所有电路的电源，进行试运转。

检查各机构运转是否正确，同时检查各处钢丝绳是否处于正常工作状态，是否与结构件有摩擦，所有不正常情况均应予以排除。

(11) 顶升加节

1) 顶升前的准备

按液压泵站要求给油箱加油；清理好各个塔身节，在塔身节连接套内涂上黄油，将待顶升加高用的标准节 E 在顶升位置时的起重臂下排成一排，放松电缆长度略大于总的顶升高度，并紧固好电缆。

2) 将起重臂转至爬升架引进节方向；在引进平台上准备好引进滚轮，爬升架平台上准备好塔身高强度螺栓。

3) 顶升前塔式起重机的配平：

①塔式起重机配平前，必须先将载重小车运行到规定的配平位置，并吊起一节标准节 E 或其他重物。然后拆除下支座四个支腿与标准节 E 的连接螺栓。

②将液压顶升系统操纵杆推至"顶升"方向，使爬升架顶升至下支座支腿刚刚脱离塔身的主弦杆的位置。

③通过检验下支座支腿与塔身主弦杆是否在一条垂直线上，并观察爬升架 8 个导轮与塔身主弦杆间隙是否基本相同来检查塔式起重机是否平衡。略微调整载重小车的配平位置，直至平衡。使得塔式起重机上部重心落在顶升油缸梁的位置上。

④记录下载重小车的配平位置。

⑤操纵液压系统使爬升架下降，连接好下支座和塔身节间的连接螺栓。

4) 顶升作业（图 5-23）：

①将一节标准节 E 吊至顶升爬升架引进横梁的正上方，在

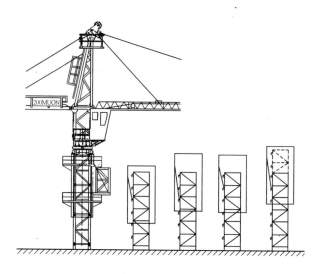

图 5-23 顶升过程

标准节 E 下端装上四只引进滚轮,缓慢落下吊钩,使装在标准节 E 上的引进滚轮比较合适地落在引进横梁上。

②再吊一节标准节 E,将载重小车开至顶升平衡位置。

③使回转机构处于制动状态。

④卸下塔身顶部与下支座连接的 8 个高强度螺栓。

⑤开动液压顶升系统,使油缸活塞杆伸出,将顶升横梁两端的销轴放入距顶升横梁最近的塔身节踏步的圆弧槽内并顶紧,确认无误后继续顶升;将爬升架及其以上部分顶起 10~50mm 时停止,检查顶升横梁等爬升架传力部件是否有异响、变形,油缸活塞杆是否有自动回缩等异常现象,确认正常后,继续顶升;顶起略超过半个塔身节高度并使爬升架上的活动爬爪滑过一对踏步并自动复位后,停止顶升,并回缩油缸,使活动爬爪搁在顶升横梁所顶踏步的上一对踏步上。确认两个活动爬爪全部准确地压在踏步顶端并承受住爬升架及其以上部分的重量,且无局部变形、异响等异常情况后,将油缸活塞全部缩回,提起顶升横梁,重新

使顶升横梁顶在爬爪所搁的踏步的圆弧槽内,再次伸出油缸,将塔式起重机上部结构再顶起略超过半个塔身节高度,此时塔身上方恰好有能装入一个塔身节的空间,将爬升架引进平台上的标准节 E 拉进至塔身正上方,稍微缩回油缸,将新引进的标准节 E 落在塔身顶部并对正,卸下引进滚轮,用 8 件 M30 的高强度螺栓将上、下标准节 E 连接牢靠。

⑥再次缩回油缸,将下支座落在新的塔身顶部上,并对正,用 8 件 M30 高强螺栓将下支座与塔身连接牢靠,即完成一节标准节 E 的加节工作。若连续加几节标准节 E,则可按照以上步骤重复几次即可。为使下支座顺利地落在塔身顶部并对准连接螺栓孔,在缩回油缸之前,可在下支座四角的螺栓孔内从上往下插入四根(每角一根)导向杆,然后再缩回油缸,将下支座落下。

5) 顶升过程的注意事项:

①塔式起重机最高处风速大于 13m/s 时,不得进行顶升作业;

②顶升过程中必须保证起重臂与引入标准节 E 方向一致,并利用回转机构制动器将起重臂制动住,载重小车必须停在顶升配平位置;

③若要连续加高几节标准节 E,则每加完一节后,用塔式起重机自身起吊下一节标准节 E 前,塔身各主弦杆和下支座必须有 8 个 M30 的螺栓连接,唯有在这种情况下,允许这 8 根螺栓每根只用一个螺母;

④所加标准节 E 上的踏步,必须与已有塔身节对正;

⑤在下支座与塔身没有用 M30 螺栓连接好之前,严禁起重臂回转、载重小车变幅和吊装作业;

⑥在顶升过程中,若液压顶升系统出现异常,应立即停止顶升,收回油缸,将下支座落在塔身顶部,并用 8 个 M30 高强度

螺栓将下支座与塔身连接牢靠后,再排除液压系统的故障;

⑦塔式起重机加节达到所需工作高度后,应检查塔身各连接处螺栓的紧固情况。

(12) 安装附着装置

塔式起重机的工作高度超过其独立高度时,须进行塔身附着。附着装置由四套框梁、四套内撑杆和三根附着撑杆组成,四套框梁由 24 套 M20 高强度(8.8 级)螺栓、螺母、垫圈紧固成附着框架(预紧力矩为 370N·m)。附着框架上的两个顶点处有三根附着撑杆与之铰接,三根撑杆的端部有连接套与建筑物附着处的连接基座铰接。三根撑杆应保持同在一水平面内,通过调节螺栓可以推动内撑杆顶紧塔身四根主弦。安装附着装置时,应注意以下事项:

1) 附着装置安装时,应先将附着框架套在塔身上,通过四根内撑杆将塔身的四根主弦杆顶紧;再通过销轴将附着撑杆的一端与附着框架连接,另一端与固定在建筑物上的连接基座连接。

2) 每道附着架的三根附着撑杆应尽量处于同一水平面上。但在安装附着框架和内撑杆时,与标准节 E 的某些部位干涉,可适当升高或降低内撑杆的安装高度。

3) 附着撑杆上允许搭设供人从建筑物通向塔式起重机的跳板,但严禁堆放重物。

4) 安装附着装置时,应当用经纬仪测量塔身轴线的垂直度,其偏差不得大于塔身全高的 4/1000,可用调节附着撑杆的长度来调整。

5) 附着撑杆与附着框架、连接基座,以及附着框架与塔身、内撑杆的连接必须可靠。

6) 不论附着几次,只在最上面的一道附着框架内安装内撑杆,即新附着一次,内撑杆就要移到最新附着的框架内。

（13）塔式起重机拆卸前准备

1）塔式起重机拆卸之前，顶升机构由于长期停止使用，应对各机构特别是顶升机构进行保养和试运转。

2）在试运转过程中，应有目的地对限位器、回转机构的制动器等进行可靠性检查。

3）在塔式起重机标准节 E 已拆出，但下支座与塔身还没有用 M30 高强螺栓连接好之前，严禁回转机构、牵引机构和起升机构动作。

4）塔式起重机拆卸对顶升机构来说是重载连续作业，所以应随时对顶升机构的主要受力件进行检查。

5）顶升机构工作时，所有操作人员应集中精力观察各相对运动件的相对位置是否正常（如滚轮与主弦杆之间，爬升架与塔身之间），是否有阻碍爬升架运动的物件。

（14）塔式起重机的拆除的具体程序

1）将塔式起重机回转至拆卸区域，保证该区域无影响拆卸作业的任何障碍。

2）拆卸塔身（图 5-24）：

①将起重臂回转到引进方向（爬升架中有开口的一侧），使回转制动器处于制动状态，载重小车停在配平位置（与立塔顶升加节时载重小车的配平位置一致）。

②拆掉最上面塔身标准节 E 的上、下连接螺栓，并在该节下部连接套装上引进滚轮。

③伸长顶升油缸，将顶升横梁顶在从上往下数第四个踏步的圆弧槽内，将上部结构顶起；当最上一节标准节 E（即标准节 1）离开标准节 2 顶面 2～5cm 左右，即停止顶升。

④将最上一节标准节沿引进梁推出。

⑤扳开活动爬爪，回缩油缸，让活动爬爪躲过距它最近的一对踏步后，复位放平，继续下降至活动爬爪支承在下一对踏步上

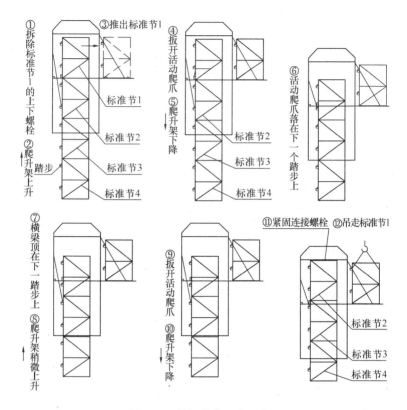

图 5-24 拆卸塔身过程示意图

并支承住上部结构后,再回缩油缸。

⑥将顶升横梁顶在下一对踏步上,稍微顶升至爬爪翻转时能躲过原来支撑的踏步后停止,拨开爬爪,继续回缩油缸,至下一标准节与下支座相接触时为止。

⑦下支座与塔身标准节之间用螺栓连接好后,用小车吊钩将标准节吊至地面。

爬升架的下落过程中,当爬升架上的活动爬爪通过塔身标准节主弦杆踏步和标准节连接螺栓时,须用人工翻转活动爬爪,同时派专人看管顶升横梁和导向轮,观察爬升架下降时有无被障碍物卡住的现象。以便爬升架能顺利地下降。

⑧重复上述动作,将塔身标准节依次拆下。

塔身拆卸至安装高度后,若要继续拆塔,必须先拆卸平衡臂上的平衡重。

3)拆卸平衡重:

①将载重小车固定在起重臂根部,借助辅助吊车拆卸平衡重;

②按照安装平衡重的相反顺序,将各块平衡重依次卸下,仅留下一块 2.90t 的平衡重块。

4)拆卸起重臂:

①放下吊钩至地面,拆除起重钢丝绳与起重臂前端上的防扭装置的连接,开动起升机构,回收全部钢丝绳。

②根据安装时的吊点位置挂绳。

③轻轻提起起重臂,慢慢启动起升机构,使起重臂拉杆靠近塔顶拉杆;拆去起重臂拉杆与塔顶拉板的连接销,放下拉杆至起重臂上固定;拆去钢丝绳,拆掉起重臂与塔帽的连接销。

④放下起重臂,并搁在垫有枕木的支座上。

5)拆卸平衡臂:

将配重块全部吊下,然后通过平衡臂上的四个安装吊耳吊起平衡臂,使平衡臂拉杆处于放松状态,拆下拉杆连接销轴。然后拆掉平衡臂与塔帽的连接销,将平衡臂平稳放至地面上。

6)拆卸司机室。

7)拆卸塔帽:

拆卸前,检查与相邻的组件之间是否还有电缆连接。

8)拆卸回转总成:

拆掉下支座与塔身的连接螺栓,伸长顶升油缸,将顶升横梁顶在踏步的圆弧槽内并稍稍顶紧,拆掉下支座与爬升架的连接销轴,回缩顶升油缸,将爬升架的爬爪支承在塔身上,再用吊索将回转总成吊起卸下。

9）拆卸爬升架及塔身标准节：

吊起爬升架，缓缓地沿标准节主弦杆吊出，放至地面；依次吊下各节标准节。

10）拆卸底架总成：

拆卸方法与底架安装方法相反。

6 塔式起重机维护保养和常见故障

6.1 塔式起重机的维护保养

6.1.1 塔式起重机维护保养的意义

为了使塔式起重机经常处于完好和安全运转状态,避免和减少塔式起重机在工作中可能出现故障,提高塔式起重机的完好率,塔式起重机安装前、使用中和拆卸后必须按制度规定进行检查和维护保养。

(1) 塔式起重机工作状态中,经常遭受风吹雨打、日晒的侵蚀,灰尘、砂土经常会落到机械各部分,如不及时清除和保养,将会侵蚀机械,使其寿命缩短。

(2) 在机械运转过程中,各工作机构润滑部位的润滑油及润滑脂会自然损耗后流失,如不及时补充,将会加重机械的磨损。

(3) 机械经过一段时间的使用后,各相互运转机件会自然磨损,各运转零件的配合间隙会发生变化,如果不及时进行保养和调整,各互相运动的机件磨损就会加快,甚至导致运动机件的完全损坏。

(4) 机械在运转过程中,如果各工作机构的运转情况不正常,又得不到及时的保养和调整,将会导致工作机构完全损坏,大大降低塔式起重机的使用寿命。

(5) 应当对塔式起重机经常进行检查、维护和保养，传动部分应有足够的润滑油，对易损件必须经常检查、及时维修或更换，对机构螺栓特别是经常振动的如塔身、附着等连接螺栓应经常进行检查，如有松动必须及时紧固或更换。

(6) 经一个使用周期后，塔式起重机的结构、机构和其他零部件将会出现不同程度的锈蚀、磨损甚至出现裂纹等安全隐患，因此严格执行塔式起重机的转场维护保养制度，进行一次全面的检查、调整、修复等维护保养工作是十分必要的，是保证塔式起重机下一个周期中安全使用的必要条件。

6.1.2 塔式起重机维护保养的分类

(1) 日常维护保养，每班前后进行，由塔式起重机司机负责完成；

(2) 月检查保养，一般每月进行一次，由塔式起重机司机和修理工负责完成；

(3) 定期检修，一般每年或每次拆卸后安装前进行一次，由修理工负责完成；

(4) 大修，一般运转不超过 1.5 万小时进行一次，由具有相应资质的单位完成。

6.1.3 塔式起重机维护保养的内容

(1) 日常维护保养

每班开始工作前，应当进行检查和维护保养，包括目测检查和功能测试，检查一般应包括以下内容：

1) 机构运转情况，尤其是制动器的动作情况；

2) 限制与指示装置的动作情况；

3) 可见的明显缺陷，包括钢丝绳和钢结构。

检查维护保养具体内容和相应要求见表 6-1，有严重情况的应当报告有关人员进行停用、维修或限制性使用等，检查和维护保养情况应当及时记入交接班记录。

日常例行维护保养的内容　　　　　　　　表 6-1

序号	项　目	要　　求
1	基础轨道	班前清除轨道或基础上的冰渣、积雪或垃圾，及时疏通排水沟，清除基础轨道积水，保证排水通畅
2	接地装置	检查接地连线与钢轨或塔式起重机十字梁的连接，应接触良好，埋入地下的接地装置和导线连接处无折断松动
3	行走限位开关和撞块	行走限位开关应动作灵敏、可靠，轨道两端撞块完好无移位
4	行走电缆及卷筒装置	电缆应无破损，清除拖拉电缆沿途存在的钢筋、钢丝等有损电缆胶皮的障碍物，电缆卷筒收放转动正常。无卡阻现象
5	电动机、变速箱、制动器、联轴器、安全罩的连接紧固螺栓	各机构的地脚螺栓，连接紧固螺栓、轴瓦固定螺钉不得松动，否则应及时紧固，更换添补损坏丢失的螺钉。回转支承工作 100 小时和 500 小时检查其预紧力矩，以后每 1000 小时检查一次
6	齿轮油箱、油质	检查行走、起升、回转、变幅齿轮箱及液压推杆器、液力联轴器的油量，不足要及时添加至规定液面，润滑油变质可提前更换，按润滑部位规定周期更换齿轮油，加注润滑脂
7	制动器	清除制动器闸瓦油污。制动器各连接紧固件无松旷，制动瓦张开间隙适当，带负荷制动有效，否则应紧固调整
8	钢丝绳排列和绳夹	卷筒端绳绳夹紧固牢靠无损伤，滑轮转动灵活，不脱槽、啃绳、卷筒钢丝绳排列整齐不错乱压绳

续表

序号	项 目	要 求
9	钢丝绳磨损	检查钢丝绳有无断丝变形,钢丝绳直径相对于公称直径减少7%或更多时应报废
10	吊钩及防脱装置	检查吊钩是否有裂纹、磨损,防脱装置是否变形、有效
11	紧固金属结构件的螺栓	检查底架、塔身、起重臂、平衡臂及各标准节的连接螺栓应紧固无松动,更换损坏螺栓、增补缺少的螺栓
12	供电电压情况	观察仪表盘电压指示是否符合规定要求,如电压过低或过高(一般不超过额定电压的±10%),应停机检查,待电压正常后再工作
13	察听传动机构	试运转,注意察听起升、回转、变幅、行走等机械的传动机构,应无异响或过大的噪声或碰撞现象,应无异常的冲击和振动,否则应停机检查,排除故障
14	电器有无缺相	运转中,听听各部位电器有无缺相声音,否则应停机排查
15	安全装置的可靠性	注意检查起重量限制器、力矩限制器、变幅限位器、行走限位器等安全装置应灵敏有效,驾驶室的控制显示是否正常,否则应及时报修排除
16	班后检查	清洁驾驶室及操作台灰尘,所有操作手柄应放在零位,拉下照明及室内外设备的开关,总开关箱要加锁,关好窗、锁好门,清洁电动机、减速器及传动机构外部的灰尘,油污
17	夹轨器	夹轨器爪与钢轨紧贴无间隙和松动,丝杠、销孔无弯曲、开裂,否则应报修排除

(2) 月检查保养

每月进行一次,检查一般应包括以下内容:

1) 润滑,油位、漏油、渗油;

2) 液压装置，油位、漏油；

3) 吊钩及防脱装置，可见的变形、裂纹、磨损；

4) 钢丝绳；

5) 结合及连接处，目测检查锈蚀情况；

6) 连接螺栓，用专用扳手检查标准节连接螺栓松动时应特别注意接头处是否有裂纹；

7) 销轴定位情况，尤其是臂架连接销轴；

8) 接地电阻；

9) 力矩与起重量限制器；

10) 制动磨损，制动衬垫减薄、调整装置、噪声等；

11) 液压软管；

12) 电气安装；

13) 基础及附着。

月检查维护保养具体内容和相应要求见表6-2，有严重情况的应当报告有关人员进行停用、维修或限制性使用等，检查和维护保养情况应当及时记入设备档案。

月检查保养内容　　　　表 6-2

序号	项 目	要 求
1	日常维护保养	按日常检查保养项目，进行检查保养
2	接地电阻	接地线应连接可靠，用接地电阻测试仪测量电阻值不得超过 4Ω
3	电动机滑环及碳刷	清除电动机滑环架及铜头灰尘，检查碳刷应接触均匀，弹簧压力松紧适宜（一般为 $0.2kg/cm^2$），如碳刷磨损超过 1/2 时应更换碳刷
4	电器元件配电箱	检查各部位电器元件，触点应无接触不良，线路接线应紧固，检查电阻箱内电阻的连接，应无松动
6	电动机接零和电线、电缆	各电动机接零紧固无松动，照明及各电器设备用电线、电缆应无破损、老化现象，否则应更换

续表

序号	项 目	要 求
7	轨道轨距平直度及两轨水平面	每根枕木道钉不得松动,枕木与钢轨之间应紧贴无下陷空隙,钢轨接头鱼尾板连接螺钉齐全,紧固螺栓合乎规定要求;轨道轨距允许误差不应大于公称值的1‰,且不宜超过±6mm;钢轨接头间隙不应大于4mm;接头处两轨顶高度差不应大于2mm;塔式起重机安装后,轨道顶面纵、横方向上的倾斜度,对于上回转塔式起重机应不大于3‰;对于下回转塔式起重机应不大于5‰;在轨道全程中,轨道顶面任意两点的高度差应不大于100mm
8	紧固钢丝绳绳夹	起重、变幅、平衡臂、拉索、小车牵引等钢丝绳两端的绳夹无损伤及松动,固定牢靠
9	润滑滑轮与钢丝绳	润滑起重、变幅、回转、小车牵引等钢丝绳穿绕的动滑轮、定滑轮、张紧滑轮、导向滑轮;每两个月润滑、浸涂钢丝绳
10	附着装置	附着装置的结构和连接是否牢固可靠
11	销轴定位	检查销轴定位情况,尤其是臂架连接销轴
12	液压元件及管路	检查液压泵、操作阀、平衡阀及管路,如有渗漏应排除,压力表损坏应更换,清洗液压滤清器

(3) 定期检修

塔式起重机每年至少进行一次定期检查,每次安装前、安装后按定期检查要求进行检查。每次安装前,应对结构件和零部件进行检查并维护保养,有缺陷和损坏的,严禁安装上机;安装后的检查对零部件功能测试应按荷载最不利位置进行,检查一般应包括以下内容:

1) 应检查月检的全部内容。

2) 核实塔式起重机的标志和标牌。

3) 核实使用手册没有丢失。

4) 核实保养记录。

5）核实组件、设备及钢结构。

6）根据设备表象判断老化状况：

①传动装置或其零部件松动、漏油；

②重要零件（如电动机、齿轮箱、制动器、卷筒）连接装置磨损或损坏；

③明显的异常噪声或振动；

④明显的异常温升；

⑤连接螺栓松动、裂纹或破损；

⑥制动衬垫磨损或损坏；

⑦可疑的锈蚀或污垢；

⑧电气安装处（电缆入口、电缆附属物）出现损坏；

⑨钢丝绳；

⑩吊钩。

7）额定载荷状态下的功能测试及运转情况：

①机械，尤其是制动器；

②限制与指示装置。

8）金属结构

①焊缝，尤其注意可疑的表面油漆龟裂；

②锈蚀；

③残余变形；

④裂缝。

9）基础与附着。

定期检修具体内容和相应要求见表6-3，有严重情况的应当报告有关人员进行停用、维修或限制性使用等，检查和维护保养情况应当及时记入设备档案。

（4）大修

塔式起重机经过一段长时间的运转后应进行大修，大修间隔最长不应超过15000小时。大修应按以下要求进行。

定期检修内容 表 6-3

序号	项目	要求
1	月检查保养	按月检查保养项目,进行检查保养
2	核实塔式起重机资料、部件	核实塔式起重机的标志和标牌,检查核实塔式起重机档案资料是否齐全、有效;部件、配件和备用件是否齐全
3	制动器	塔式起重机各制动闸瓦与制动带片的铆钉头埋入深度小于0.5mm时,接触面积不应小于70%～80%,制动轮失圆或表面痕深大于0.5mm应光圆,制动器磨损,必要时拆检更换制动瓦(片)
4	减速齿轮箱	揭盖清洗各机构减速齿轮箱,检查齿面,如有断齿、啃齿、裂纹及表面剥落等情况,应拆检修复;检查齿轮轴键和轴承径向间隙,如轮键松旷、径向间隙超过0.2mm应修复,调整或更换轴承,轮轴弯曲超过0.2mm应校正;检查棘轮棘爪装置,排除轴端渗漏、更换齿轮油并加注至规定油面。生产厂有特殊要求的,按厂家说明书要求进行
5	开式齿轮啮合间隙、传动轴弯曲和轴瓦磨损	检查开式齿轮,啮合侧向间隙一般不超过齿轮模数的0.2～0.3,齿厚磨损不大于节圆理论齿厚的20%,轮键不得松旷,各轮轴变径倒角处无疲劳裂纹,轴的弯曲不超过0.2mm,滑动轴承径向间隙一般不超过0.4mm,如有问题应修理更换
6	滑轮组	滑轮槽壁如有破碎裂纹或槽壁磨损超过原厚度的20%,绳槽径向磨损超过钢丝绳直径的25%,滑轮轴颈磨损超过原轴颈的2%时,应更换滑轮及滑轮轴
7	行走轮	行走轮与轨道接触面如有严重龟裂、起层、表面剥落和凸凹沟槽现象,应修换
8	整机金属结构	对钢结构开焊、开裂、变形的部件进行更换;更换损坏、锈蚀的连接紧固螺栓;修换钢丝绳固定端已损伤的套环、绳卡和固定销轴

续表

序号	项 目	要 求
9	电动机	电动机转子、定子绝缘电阻在不低于 0.5MΩ 时，可在运行中干燥；铜头表面烧伤有毛刺应修磨平整，铜头云母片应低于铜头表面 0.8～1mm；电动机轴弯曲超过 0.2mm 应校正；滚动轴承径向间隙超过 0.15mm 时应更换
10	电器元件和线路	对已损坏、失效的电器开关、仪表、电阻器、接触器以及绝缘不符合要求的导线进行修换
11	零部件及安全设施	配齐已丢失损坏的油嘴、油杯；增补已丢失损坏的弹簧垫、联轴器缓冲垫、开口销、安全罩等零部件；塔式起重机爬梯的护圈、平台、走道、踢脚板和栏杆如有损坏，应修理更换
12	防腐喷漆	对塔式起重机的金属结构，各传动机构进行除锈、防腐、喷漆
13	整机性能试验	检修及组装后，按要求进行静、动载荷试验，并试验各安全装置的可靠性，填写试验报告

1）起重机的所有可拆零件应全部拆卸、清洗、修理或更换（生产厂有特殊要求的除外）；

2）应更换润滑油；

3）所有电动机应拆卸、解体、维修；

4）更换老化的电线和损坏的电气元件；

5）除锈、涂漆；

6）对拉臂架的钢丝绳或拉杆进行检查；

7）起重机上所用的仪表应按有关规定维修、校验、更换；

8）大修出厂时，塔式起重机应达到产品出厂时的工作性能，并应有监督检验证明。

（5）停用时的维护

对于长时间不使用的起重机，应当对塔式起重机各部位做好润滑、防腐、防雨处理后停放好，并每年做一次检查。

(6) 润滑保养

为保证塔式起重机的正常工作，应经常检查塔式起重机各部位的润滑情况，做好周期润滑工作，按时添加或更换润滑剂。塔式起重机的润滑部位、润滑剂的选用以及润滑周期，可参照表6-4。

塔式起重机润滑部位及周期 表6-4

序号	润滑部位	润滑剂	润滑周期(h)	润滑方式
1	齿轮减速器、涡轮、蜗杆减速器、行星齿轮减速器	齿轮油 冬HL-20 夏HL-30	200 1000	添加 更换
2	起升、回转、变幅、行走等机构的开式齿轮及排绳机构蜗杆传动	石墨润滑剂 ZG-S	50	涂抹
3	钢丝绳		50	涂抹
4	各部连接螺栓、销轴		100	安装前涂抹
5	回转支承上、下座圈滚道，水平支撑滑轮，行走轴轴承，卷筒链条，中央集电环轴套，行走台车轴套		50	涂抹
6	水母式底架活动支腿、卷筒支座、行走机构小齿轮支座、旋转机构竖轴支座	钙基润滑脂 冬ZC-2 夏ZC-4	200	加注
7	卷筒支座		200	加注
8	齿轮传动、涡轮蜗杆传动及行星传动等的轴承		200	加注
9	吊钩扁担梁推力轴承，钢丝绳滑轮轴承，小车行走轮轴承		500	加注
10	液压缸球铰支座，拆装式塔身基础节斜撑支座 起升机构和小车牵引机构限位开关链传动		1000	加注 涂抹

续表

序号	润滑部位	润滑剂	润滑周期（h）	润滑方式
11	制动器铰点、限位开关及接触器的活动铰点、夹轨器	机械油 HJ-20	50	根据需要油壶滴入
12	液力联轴器	汽轮机油 HU-22	200 1000	添加 换油
13	液压推杆制动器及液压电磁制动器	冬变压器油 DB-10 夏机械油 HJ-20	200	添加
14	液压油箱	冬20号抗磨液压油 夏40号抗磨液压油	100	顶升或降落塔身前检查添加
			100~500	清洗换油

注：由于不同形式的塔式起重机对于润滑要求不尽相同，不同的使用环境对润滑的要求也不同，因此，塔式起重机的润滑剂和润滑周期应按塔式起重机使用说明书的要求，结合使用环境，进行润滑作业。塔式起重机生产厂家有特殊要求的，按厂家说明书要求。

6.2 塔式起重机常见故障的判断及处置

塔式起重机在使用过程中发生故障的原因很多，主要是因为工作环境恶劣，维护保养不及时，操作人员违章作业，零部件的自然磨损等多方面原因。另外，塔式起重机在调试时有时也发生异常情况。塔式起重机发生异常时，安装拆卸工、塔式起重机司机等作业人员应立即停止操作，及时向有关部门报告，由专职维修人员前来维修，以便及时处理，消除隐患，恢复正常工作。

塔式起重机常见的故障一般分为机械故障和电气故障两大类。由于机械零部件磨损、变形、断裂、卡塞，润滑不良以及相对位置不正确等而造成机械系统不能正常运行，统称为机械故障。由于电气线路、元器件、电气设备，以及电源系统等发生故障，造成用电系统不能正常运行，统称为电气故障。机械故障一般比较明显、直观，容易判断，在塔式起重机运行中，比较常见；电气故障相对来说比较多，有的故障比较直观，容易判断，有的故障比较隐蔽，难以判断。

6.2.1 机械故障的判断及处置

塔式起重机机械故障的判断和处置方法按照其工作机构、液压系统、金属结构和主要零部件分类叙述。

（1）工作机构

1）起升机构

起升机构故障的判断和处置方法见表6-5。

起升机构故障的判断和处置方法　　表6-5

序号	故障现象	故障原因	处置方法
1	卷扬机构声音异常	接触器缺相或损坏	更换接触器
		减速机齿轮磨损、啮合不良、轴承破损	更换齿轮或轴承
		联轴器连接松动或弹性套磨损	紧固螺栓或更换弹性套
		制动器损坏或调整不当	更换或调整刹车
		电动机故障	排除电气故障
2	吊物下滑（溜钩）	制动器刹车片间隙调整不当	调整间隙
		制动器刹车片磨损严重或有油污	更换刹车片，清除油污
		制动器推杆行程不到位	调整行程
		电动机输出转矩不够	检查电源电压
		离合器片破损	更换离合器片

续表

序号	故障现象	故障原因		处置方法
3	制动副脱不开	闸瓦式	制动器液压泵电动机损坏	更换电动机
			制动器液压泵损坏	更换
			制动器液压推杆锈蚀	修复
			机构间隙调整不当	调整机构的间隙
			制动器液压泵油液变质	更换新油
		盘式	间隙调整不当	调整间隙
			刹车线圈电压不正常	检查线路电压
			离合器片破损	更换离合器片
			刹车线圈损坏或烧毁	更换线圈

2）回转机构

回转机构故障的判断和处置方法见表 6-6。

回转机构故障的判断和处置方法　　表 6-6

序号	故障现象	故障原因	处置方法
1	回转电动机有异响，回转无力	液力耦合器漏油或油量不足	检查安全易熔塞是否熔化，橡胶密封件是否老化等按规定填充油液
		液力耦合器损坏	更换液力耦合器
		减速机齿轮或轴承破损	更换损坏齿轮或轴承
		液力耦合器与电动机连接的胶垫破损	更换胶垫
		电动机故障	查找电气故障
2	回转支承有异响	大齿圈润滑不良	加油润滑
		大齿圈与小齿轮啮合间隙不当	调整间隙
		滚动体或隔离块损坏	更换损坏部件
		滚道面点蚀、剥落	修整滚道
		高强螺栓预紧力不一致，差别较大	调整预紧力

续表

序号	故障现象	故障原因	处置方法
3	臂架和塔身扭摆严重	减速器故障	检修减速器
		液力耦合器充油量过大	按说明书加注
		齿轮啮合或回转支承不良	修整

3) 变幅机构

变幅机构故障的判断和处置方法见表 6-7。

变幅机构故障的判断和处置方法　　表 6-7

序号	故障现象	故障原因	处置方法
1	变幅有异响	减速机齿轮或轴承破损	更换
		减速机缺油	查明原因，检修加油
		钢丝绳过紧	调整钢丝绳松紧度
		联轴器弹性套磨损	更换
		电动机故障	查找电气故障
		小车滚轮轴承或滑轮破损	更换轴承
2	变幅小车滑行和抖动	钢丝绳未张紧	重新适度张紧
		滚轮轴承润滑不好，运动偏心	修复
		轴承损坏	更换
		制动器损坏	经常加以检查，修复更换
		联轴器连接不良	调整、更换
		电动机故障	查找电气故障

4) 行走机构

行走机构故障的判断和处置方法见表 6-8。

(2) 液压系统

液压系统故障的判断和处置方法见表 6-9。

行走机构故障的判断和处置方法   表 6-8

序号	故障现象	故障原因	处置方法
1	运行时啃轨严重	轨距铺设不符合要求	按规定误差调整轨距
		钢轨规格不匹配,轨道不平直	按标准选择钢轨,调整轨道
		台车框轴转动不灵活,轴承润滑不好	经常润滑
		台车电动机不同步	选择同型号电动机,保持转速一致
2	驱动困难	啃轨严重,阻力较大,轨道坡度较大	重新校准轨道
		轴套磨损严重,轴承破损	更换
		电动机故障	查找电气故障
3	停止时晃动过大	延时制动失效,制动器调整不当	调整

液压系统故障的判断和处置方法   表 6-9

序号	故障现象	原因分析	排除方法
1	顶升时颤动及噪声大	液压系统中混有空气	排气
		油泵吸空	加油
		机械机构、液压缸零件配合过紧	检修,更换
		系统中内漏或油封损坏	检修或更换油封
		液压油变质	更换液压油
2	带载后液压缸下降	双向液压锁或节流阀不工作	检修,更换
		液压缸泄漏	检修,更换密封圈
		管路或接头漏油	检查,排除,更换

续表

序号	故障现象	原因分析	排除方法
3	带载后液压缸停止升降	双向液压锁或节流阀失灵	检修，更换
		与其他机械机构有挂、卡现象	检查，排除
		手动液控阀或溢流阀损坏	检查，更换
4	顶升缓慢	单向阀流量调整不当或失灵	调整检修或更换
		油箱液位低	加油
		液压泵内漏	检修
		手动换向阀换向不到位或阀泄漏	检修，更换
		液压缸泄漏	检修，更换密封圈或油封
		液压管路泄漏	检修，更换
		油温过高	停止作业，冷却系统
		油液杂质较多，滤油网堵塞，影响吸油	清洗滤网，清洁液压油或更换新油
5	顶升无力或不能顶升	油箱存油过低	加油
		液压泵反转或效率下降	调整，检修
		溢流阀卡死或弹簧断裂	检修，更换
		手动换向阀换向不到位	检修，更换
		油管破损或漏油	检修，更换
		滤油器堵塞	清洗，更换
		溢流阀调整压力过低	调整溢流阀
		液压油进水或变质	更换液压油
		液压系统排气不完全	排气
		其他机构干涉	检查，排除

(3) 金属结构

金属结构故障的判断和处置方法见表6-10。

金属结构故障的判断和处置方法 表6-10

序号	故障现象	故障原因	处置方法
1	焊缝和母材开裂	超载严重,工作过于频繁产生比较大的疲劳应力,焊接不当或钢材存在缺陷等	严禁超负荷运行,经常检查焊缝,更换损坏的结构件
2	构件变形	密封构件内有积水,严重超载,运输吊装时发生碰撞,安装拆卸方法不当	要经过校正后才能使用;但对受力结构件,禁止校正,必须更换
3	高强度螺栓连接松动	预紧力不够	定期检查,紧固
4	销轴退出脱落	开口销未打开	检查,打开开口销

(4) 钢丝绳、滑轮

钢丝绳、滑轮故障的判断和处置方法见表6-11。

钢丝绳、滑轮故障的判断和处置方法 表6-11

序号	故障现象	故障原因	处置方法
1	钢丝绳磨损太快	钢丝绳滑轮磨损严重或者无法转动	检修或更换滑轮
		滑轮绳槽与钢丝绳直径不匹配	调整使之匹配
		钢丝绳穿绕不准确、啃绳	重新穿绕、调整钢丝绳
2	钢丝绳经常脱槽	滑轮偏斜或移位	调整滑轮安装位置
		钢丝绳与滑轮不匹配	更换合适的钢丝绳或滑轮
		防脱装置不起作用	检修钢丝绳防脱装置
3	滑轮不转及松动	滑轮缺少润滑,轴承损坏	经常保持润滑,更换损坏的轴承

6.2.2 电气故障的判断及处置

塔式起重机电气系统故障的判断和处置方法见表6-12。

电气系统故障的判断和处置方法　　表6-12

序号	故障现象	故障原因	处置方法
1	电动机不运转	缺相	查明原因
		过电流继电器动作	查明原因,调整过电流整定值,复位
		空气断路器动作	查明原因,复位
		定子回路断路	检查拆修电动机
2	电动机有异响	相间轻微短路或转子回路缺相	查明原因,正确接线
		电动机轴承破损	更换轴承
		转子回路的串接电阻断开、接地	更换或修复电阻
		转子碳刷接触不良	更换碳刷
3	电动机温升过高	电动机转子回路有轻微短路故障	测量转子回路电流是否平衡,检查和调整电气控制系统
		电源电压低于额定值	暂停工作
		电动机冷却风扇损坏	修复风扇
		电动机通风不良	改善通风条件
		电动机转子缺相运行	查明原因,接好电源
		定子、转子间隙过小	调整定子、转子间隙
4	电动机烧毁	操作不当,低速运行时间较长	缩短低速运行时间
		电动机修理次数过多,造成电动机定子铁芯损坏	予以报废

续表

序号	故障现象	故障原因	处置方法
4	电动机烧毁	绕线式电动机转子串接电阻断路、短路、接地，造成转子烧毁	修复串接电阻
		电压过高或过低	检查供电电压
		转子运转失衡，碰擦定子（扫膛）	更换转子轴承或修复轴承室
		主回路电气元件损坏或线路短路、断路	检查修复
5	电动机输出功率不足	线路电压过低	暂停工作
		电动机缺相	查明原因，正确接线
		制动器没有完全松开	调整制动器
		转子回路断路、短路、接地	检修转子回路
6	按下启动按钮，主接触器不吸合	工作电源未接通	检查塔式起重机电源开关箱，接通
		电压过低	暂停工作
		过电流继电器辅助触头断开	查明原因，复位
		主接触器线圈烧坏	更换主接触器
		操作手柄不在零位	将操作手柄归零
		主启动控制线路断路	排查主启动控制线路
		启动按钮损坏	更换启动按钮
7	启动后，控制线路开关断开	控制回路线路短路、接地	排查控制回路线路
8	接触器噪声大	衔铁芯表面积尘	清除表面污物
		短路环损坏	更换修复
		主触点接触不良	修复或更换
		电源电压较低，吸力不足	测量电压，暂停工作

续表

序号	故障现象	故障原因	处置方法
9	吊钩只下降不上升	起重量、高度、力矩限位误动作	更换、修复或重新调整各限位装置
		起升控制线路断路	排查起升控制线路
		接触器损坏	更换接触器
10	吊钩只上升不下降	下降控制线路断路	排查下降控制线路
		接触器损坏	更换接触器
11	回转只朝同一方向动作	回转限位误动作	重新调整回转限位
		回转线路断路	排查回转线路
		回转接触器损坏	更换接触器
12	变幅只向后不向前	力矩限位、重量限位、变幅限位误动作	更换、修复或重新调整各限位装置
		变幅向前控制线路断路	排查变幅向前控制线路
		变幅接触器损坏	更换接触器
13	变幅只向前不向后	变幅向后控制线路断路	排查变幅向后控制线路
		变幅接触器损坏	更换接触器
14	带涡流制动器的电机低速挡速度变快	整流器击穿	更换整流器
		涡流线圈烧坏	更换或修复线圈
		线路故障	检查修复
15	塔式起重机工作时经常跳闸	漏电保护器误动作	检查漏电保护器
		线路短路、接地	排查线路，修复
		工作电源电压过低或压降较大	测量电压，暂停工作

7 塔式起重机常见安装拆卸事故和案例

7.1 塔式起重机常见安装拆卸事故

7.1.1 塔式起重机安装拆卸事故类型

塔式起重机安装、拆卸事故是指塔式起重机安装、顶升、拆卸过程中,发生的塔式起重机倾翻事故、断(折)臂事故。

(1)倾翻事故,指塔身整体倾倒或塔式起重机起重臂、平衡臂和塔帽倾翻坠地等事故。

(2)断(折)臂事故,指塔式起重机起重臂或平衡臂折弯、严重变形或断裂等事故。

在塔式起重机安装、顶升和拆卸过程中,还经常发生安装、拆卸作业人员从塔身、臂架等高处坠落的事故,工具、零部件从塔身、臂架等高处坠落发生的物体打击事故,臂架等碰触外电线路发生的触电事故,塔式起重机臂架碰撞、挤压等发生的起重伤害事故等。

7.1.2 塔式起重机安装拆卸事故原因

从近年来发生的塔式起重机事故情况分析,塔式起重机安装拆卸事故主要有以下原因：

（1）拆装单位无资质或超越资质范围承揽拆装业务；安装单位人员临时拼凑，甚至无证上岗。

（2）拆装单位不编制拆装方案，或编制的拆装方案无针对性，缺少重要的技术参数，应计算复核的技术参数未进行计算。

（3）拆装单位的技术人员未向作业人员进行安全技术交底或交底不全面，做成拆装作业人员违章蛮干。

（4）未按规定程序和内容进行安装前的钢结构、机构和零部件的检查，造成有缺陷或损坏的机件装上塔式起重机。

（5）拆装单位为节约成本选用不合格的辅助起重设备，使用不合格的吊具、索具。

（6）由于指挥不当或盲目指挥，造成作业人员间配合失误。

（7）作业人员图省事，凭想象，在拆装过程中不按塔式起重机使用说明书中关于拆装的先后顺序进行拆装，不按拆装方案和安全技术交底要求作业。

（8）拆装单位未与施工单位有效沟通协商，施工现场作业环境、辅助起重设备进出道路和作业场所的地基承载力不符合要求。

7.1.3 塔式起重机安装拆卸事故预防措施

在近年来发生的塔式起重机事故中，塔式起重机安装拆卸过程中发生的事故占到较大的比例，为此，应制定相应措施，防止和减少塔式起重机拆装过程中的事故。

（1）加强塔式起重机拆装队伍和人员管理

1）塔式起重机的安装、拆卸必须由具备起重设备安装工程专业承包资质、取得安全生产许可证的专业队伍施工；

2）拆装作业人员应相对固定，安装拆卸工、塔式起重机司机、起重司索信号工等特种作业人员应配齐，并持《建筑施工特种作业操作资格证书》上岗；

3）拆装作业中，作业人员要遵守纪律、服从指挥、配合默契，严格遵守操作规程；

4）配备齐全、性能可靠的辅助起重设备、机具；

5）在拆装现场应服从施工总承包单位、建设、监理单位的管理。

（2）加强技术管理

1）塔式起重机在安装拆卸前，必须制定安全专项施工方案，并按照规定程序进行审核审批，确保方案的可行性。

2）安装队伍技术人员要对拆装作业人员进行详细的安全技术交底，作业时工程监理单位应当旁站监理，确保安全专项施工方案得到有效执行。

3）技术人员应根据工程实际情况和设备性能状况对塔式起重机司机进行安全技术交底。

7.2 塔式起重机安装拆卸事故案例

7.2.1 违反操作程序顶升加节塔式起重机倒塌事故

（1）事故经过

一台新出厂的QTZ63型塔式起重机，安装时按照说明书要求的安装顺序进行，塔身装了三节标准节，套入外套架，然后安装上部结构。安装结束后，进行了试运转，一切正常。塔式起重机投入使用，这时塔式起重机高度为10m左右。两天后，施工单位通知原安装人员将塔式起重机升高，于是原安装人员到工地进行塔式起重机的加节工作。

这是一台自升式、侧顶升的塔式起重机。顶升时，外套架应与塔式起重机回转下支座连接可靠，再拆除塔身标准节与回转下支座的连接螺栓。然后操纵液压系统，顶起塔式起重机回转支承上部结构，使回转下支座与原塔身间形成一标准节高度的空间，被加节的标准节从引进梁进入套架内与塔身连接，完成一节标准节的加节。

然而安装班负责人忘了前两天安装时外套架未曾与回转下支座用销轴固定，加节前未进行任何检查就开始拆除塔身与回转下支座的连接螺栓。当螺栓全部拆除时，由于回转支承上部不平衡力矩，造成塔式起重机上部结构倒塌事故。如图7-1、图7-2所示为事故现场情况。

图7-1　回转支承上部倾覆

图7-2　回转支承上部倾覆事故现场全貌

当时施工现场有近百人在地面作业，塔式起重机从平衡臂一侧慢慢侧翻，现场人员四处逃离，最终2名工人在逃离现场时正好被倒下的起重臂击中身亡。

（2）事故原因

经分析，这是一起由于严重违章作业引起的事故。

1）安装时顶升套架未与回转平台连接，盲目将回转平台的下支承座与塔身标准节的连接螺栓拆卸，由于回转上部失去支撑造成塔式起重机回转平台以上结构倒塌。

2）塔式起重机顶升加节时未编制顶升加节专项方案。

3）加节时无安全监督人员进行监督。

（3）预防措施

1）塔式起重机拆装前，应对塔式起重机的工作机构及零部件进行认真检查。

2）编制塔式起重机顶升加节专项方案，并进行技术交底。

3）拆装作业时，现场应设立警戒区，并有专人进行监护。

7.2.2 违章纠偏塔式起重机倒塌事故

（1）事故经过

一台 QTZ80 塔式起重机安装后使用一段时间，2003 年某日清晨，现场监理人员感觉到塔式起重机有偏斜，提出塔式起重机应纠偏。

该塔式起重机的司机和信号指挥"自告奋勇"进行塔式起重机纠偏工作，塔式起重机司机认为塔式起重机纠偏工作很简单，只要在塔身底部一侧垫上一定厚度的垫片，即可把塔身偏斜纠正过来。可惜塔式起重机由于自身的倾覆力矩及自重，垫片无法塞进塔身根部标准节与预埋节的连接处，该司机立刻叫指挥到驾驶室操纵塔式起重机吊一节标准节，由起重臂里侧向外移动，使产生的前倾力矩将根部一侧标准节提起，以便插入垫片。由于该塔式起重机的垫片不是开口式，无法用插片方法解决，只能将塔式起重机根部一侧的连接螺栓全部拆除，这时塔身受力性质完全改变。当塔式起重机前倾力矩仅为额定允许力矩 14％时，塔身另一侧根部结构折弯，整机倒塌至对面的建筑物，砸到对面正在施工的作业人员，造成 1 人死亡、2 人受伤的事故，如图 7-3 所示。

（2）事故原因

图 7-3 塔机整机倾倒事故现场

1) 塔身底部一侧标准节连接螺栓全部被拆除,导致塔式起重机整体失稳。

2) 作业人员无证作业。塔式起重机司机无拆装人员证件,信号指挥无塔式起重机司机证件,均属无证作业。

3) 发生事故的工程项目安全管理处于严重的失控状态。

(3) 预防措施

1) 发现塔式起重机有异常情况,塔式起重机司机应迅速向有关管理人员报告。

2) 塔式起重机出现偏斜等事故隐患,其整改应由有资质的塔式起重机安装单位进行整改。

7.2.3 超过使用年限塔式起重机连接销轴脱落起重臂坠落事故

(1) 事故经过

一台意大利进口塔式起重机,使用年限已超过二十年,安装前租赁单位将塔式起重机涂刷一新,安装后使用不久,起重臂臂架间连接销轴脱落,使前端起重臂坠落,造成地面作业人员 1 人死亡。事故现场情况,如图 7-4 所示。

(2) 事故原因

塔式起重机使用年限已超过二十年,起重臂连接轴销定位套锈蚀严重,但安装单位仍实施安

图 7-4 起重臂坠落事故现场全貌

装，并投入使用。使用过程中定位套损坏，造成起重臂坠落。起重臂连接销轴脱落，如图 7-5 所示。

(3) 预防措施

1) 严格按照建设部第 659 号公告的规定，对超过使用年限的起重设备应限制使用。

图 7-5 起重臂连接销轴脱落

2) 塔式起重机安装前，应对零部件进行细致地检查，凡是损坏或有严重缺陷的，不得进行安装。

7.2.4 基础节断裂塔式起重机倾覆事故

(1) 事故经过

某工地一台 QTZ40 塔式起重机安装、使用一段时间后，司机感到该塔式起重机晃动严重，请维修人员检查原因，维修人员利用休息日进行检查，也未发现原因。当将塔式起重机回转时，突然倾倒在一旁建筑物上，所幸未造成人员伤亡。如图 7-6 所示，为事故现场情况。

(2) 事故原因

1) 塔式起重机混凝土基础预埋节擅自以普通标准节代用，且被预埋的标准节壁厚低于锚脚壁厚，使用中根部受力最大，根部标准节由裂纹发展到断裂，使标准节被拉断。

2) 基础严重积水，以致标准节进一步腐蚀，并且不能及时发现裂缝。如图 7-7 所示，为塔式起重机

图 7-6 起重臂坠落事故现场

图 7-7 塔身基础节主弦杆断裂

基础情况。

(3) 预防措施

1) 塔式起重机预埋件必须使用说明书规定的预埋件,臂厚不同应做好标记,防止错位。

2) 塔式起重机的基础应有良好的排水系统。

3) 经常检查塔式起重机的安全状况。

7.2.5 违反平衡重安装程序塔式起重机倾翻事故

(1) 事故经过

晚上,某工地上发生了一起塔式起重机在安装过程中倾覆的重大事故。

2008年某日上午,某事故现场开始进行 QTZ63 塔式起重机的安装。18时,塔身升高到12m,开始安装平衡臂及配重。20时,4名安装工在平衡臂尾端作业,第2块配重刚安装完毕,当准备安装第3块配重时,该塔式起重机突然从回转机构与顶升套架连接处折断,塔顶、平衡臂、配重、拉杆及4名安装工同时坠落,造成设备损坏,2名安装工当场死亡,另外2名安装工重伤。

(2) 事故原因

这是一起典型的违反操作程序,酿成的生产安全事故。经事故调查组勘查分析,事故发生的主要原因是:

1) 严重违反安装程序

①按照该塔式起重机的安装程序,必须用16套M18螺栓将下支座与顶升套架连接好、再用8套M30高强度螺栓将下支座

与标准节连接好后,才能吊装平衡臂、起重臂及配重。而事故发生时,该塔式起重机处于顶升状态,下支座与标准节之间没有用 M30 高强度螺栓连接上,从平衡臂传来的倾翻力矩全部集中在连接下支座与顶升套架的 16 套 M18 非高强度螺栓上。

②按照该塔式起重机的安装程序,吊装配重应在安装好平衡臂和起重臂后才能进行。而事故发生时,起重臂尚未安装,就开始吊装配重。这样,配重对塔身产生了巨大的倾翻力矩,使得连接下支座与顶升套架的 16 套 M18 螺栓承受着很大的轴向拉力。由于连接下支座与顶升套架的 16 套 M18 非高强度螺栓承受着由平衡臂和配重传来的巨大轴向拉力,并达到了其破坏强度,导致了这些螺栓中有的螺栓螺纹被扫平,有的螺栓被拉断,继而引起该塔式起重机下支座以上部分坠落。

2) 安装单位无资质、安装人员无证上岗

该塔式起重机的安装单位没有取得起重机械安装专业承包资质,安装人员没有特种作业人员操作资格证书。

3) 未履行安装告知手续

该塔式起重机没有按照《建筑起重机械管理规定》(建设部令第 166 号)有关规定到工程所在地建设主管部门备案,属于严重违规安装。

(3) 预防措施

1) 严格按照施工方案确定的安装顺序进行安装。

2) 严格塔式起重机安装队伍管理,严禁拆装单位无资质或超越资质范围承揽拆装业务,严禁拆装人员无证上岗。

3) 在施工现场使用的塔式起重机,应按照《建筑起重机械管理规定》到工程所在地建设主管部门办理登记手续;塔式起重机安装前告知工程所在地建设主管部门。

附录 1

风力等级、风速与风压对照表
（资料性附录）

风级	风名	风速（m/s）	风压（$10N/m^2$）	风的特性
0	无风	0～0.2	0～0.025	静，烟直上
1	软风	0.3～1.5	0.056～0.14	人能辨别风向，但风标不能转动
2	轻风	1.6～3.3	0.16～6.8	人面感觉有风，树叶有微响，风标能转动
3	微风	3.4～5.4	7.2～18.2	树叶及微枝摇动不息，旌旗展开
4	和风	5.5～7.9	18.9～39	能吹起地面灰尘和纸张，树的小枝摇动
5	清风	8.0～10.7	40～71.6	有叶的小树摇摆，内陆的水面有小波
6	强风	10.8～13.8	72.9～119	大树叶枝摇摆，电线呼呼有声，举伞有困难
7	疾风	13.9～17.1	120～183	全树摇动，迎风行走感觉不便
8	大风	17.2～20.7	185～268	微枝折毁，人向前行感觉阻力甚大
9	烈风	20.8～24.4	270～372	建筑物有小损坏，烟囱顶部及屋顶瓦片移动
10	狂风	24.5～28.4	375～504	陆上少见，见时可使树木拔起或将建筑物摧毁
11	暴风	28.5～32.6	508～664	陆上很少，有则必是重大损毁
12	飓风	大于32.6	大于664	陆上绝少，其摧毁力极大

注：天气预报中为确定风力分级测量的风速是离地 10m 的平均风速。

附录 2

起重机 钢丝绳保养、维护、安装、检验和报废

GB/T 5972—2009/ISO 4309:2004

1 范围

本标准对在起重机上使用的钢丝绳的保养、维护、安装和检验规定了详细的实施准则,而且列举了实用的报废标准,以促进安全使用起重机。

本标准适用于 GB/T 6074.1—2008 所定义的下列类型的起重机:

——缆索及门式缆索起重机;

——悬臂起重机(柱式、壁上或自行车式);

——甲板起重机;

——桅杆及牵索式桅杆起重机;

——斜撑式桅杆起重机;

——浮式起重机;

——流动式起重机;

——桥式起重机;

——门式起重机或半门式起重机;

——门座起重机或半门座起重机;

——铁路起重机;

——塔式起重机。

本标准可以应用在无论用手动,还是机械、电力或液力

驱动的使用吊钩、抓斗、电磁铁、钢包的起重机、挖掘机或堆垛机。

本标准也可以应用在使用钢丝绳的起重机葫芦和起重机滑车。

2 术语和定义

下列术语和定义适用于本标准。

2.1 钢丝绳实际直径 actual nope diameter

在同一截面相互垂直的方向上测量钢丝绳直径,取得的两次测量的平均值,单位为毫米。

2.2 间隙 clearance

钢丝绳股的任意层中各钢丝之间或在同层中任意绳股之间的间隙。

2.3 卷筒上跃层部分钢丝绳 cross-over of rope on a drum

由于卷筒槽型或下层钢丝绳结构的影响,钢丝绳从一圈绕到另一圈时改变其常规路径的绳段。

2.4 同向捻 lang lay

外层股中钢丝的捻向与外层绳股在钢丝绳中的捻向相同。

2.5 缠绕 wrap

钢丝绳绕卷筒一圈。

2.6 捻距 lay length

螺线形钢丝绳外部钢丝和外部绳股围绕绳芯旋转一整圈(或一个螺旋),沿钢丝绳轴向测得的距离。

2.7 钢丝绳公称直径 nominal rope diameter

钢丝绳直径的标称值,单位为毫米。

2.8 交互捻 ordinary lay; regular lay

钢丝绳中绳股的捻向与其外层股中钢丝的捻向相反。

2.9 卷盘 reel

缠绕钢丝绳的带凸缘的卷盘,用于钢丝绳的装船发运或贮存。

注:卷盘可以是木制或钢制的,取决于缠绕钢丝绳的质量。

2.10 钢丝绳芯 rope core

支撑外部绳股的钢丝绳的中心组件。

2.11 钢丝绳检验记录 rope examination record

栓验后的钢丝绳的历史记录和现状记录。

2.12 单层股钢丝绳 single-layer rope

由单层股绕一个芯螺旋捻制而成的多股钢丝绳。

2.13 平行捻密实钢丝绳 parallel-closed rope

至少由两层平行捻股围绕一个芯螺旋捻制而成的多股钢丝绳。

2.14 阻旋转钢丝绳 rotation-resistant rope

承载时能减小扭矩和旋转程度的多股钢丝绳。

注1:阻旋转钢丝绳通常由两层或更多层股围绕一个芯螺旋捻制而成,外层股与相邻内层股捻向相反。

注2:由三支或四支股组成的钢丝绳也具有阻旋转的特性。

注3:阻旋转钢丝绳曾被称为反向捻钢丝绳、多层股钢丝绳和不旋转钢丝绳。

2.15 多股钢丝绳 stranded rope

通常由多个股围绕一个绳芯或一个中心螺旋捻制一层或多层的钢丝绳。

注:由三支或四支外层股组成的多股钢丝绳可能没有绳芯。

3 钢丝绳

3.1 安装前的状况

3.1.1 钢丝绳的置换

起重机上只应安装由起重机制造商指定的具有标准长度、直径、结构和破断拉力的钢丝绳，除非经起重机设计人员、钢丝绳制造商或有资格人员的准许，才能选择其他钢丝绳。

钢丝绳与卷筒、吊钩滑轮组或起重机结构的连接只应采用起重机制造商规定的钢丝绳端接装置或同样应经批准的供选方案。

3.1.2 钢丝绳长度

所用钢丝绳的长度应充分满足起重机的使用要求，并且在卷筒上的终端位置应至少保留两圈钢丝绳。根据使用情况，如需从较长的钢丝绳上截取一段时，应对两端断头进行处理；或在切断时，采用适当的方法来防止钢丝绳松散（见附图1-1）。

3.1.3 起重机和钢丝绳制造商的使用说明书

应遵守在起重机手册和由钢丝绳制造商给出的使用说明书中的规定。

在起重机上重新安装钢丝绳之前，应检查卷筒和滑轮上的所有绳槽，确保其完全适合替换的钢丝绳（见第5章）。

3.1.4 卸货和储存

为了避免意外事故，钢丝绳应谨慎小心地卸货。卷盘或绳卷既不允许坠落，也不允许用金属吊钩或叉车的货叉插入钢丝绳。

钢丝绳应储存在凉爽、干燥的仓库内，且不应与地面接触。钢丝绳绝不允许储存在易受化学烟雾、蒸汽或其他腐蚀剂侵袭的场所。储藏的钢丝绳应定期检查，且如有必要，应对钢丝绳包扎。如果户外储藏不可避免，则钢丝绳应加以覆盖以免湿气导致锈蚀。

从起重机上卸下的待用的钢丝绳应进行彻底的清洁，在储存之前对每一根钢丝绳进行包扎。

长度超过30m的钢丝绳应在卷盘上储存。

3.2 安装

3.2.1 展开和安装

当钢丝绳从卷盘或绳卷展开时,应采取各种措施避免绳的扭转或降低钢丝绳扭转的程度。因为钢丝绳扭转可能会在绳内产生结环、扭结或弯曲的状况。为避免发生这种状况,对钢丝绳应采取保持张紧呈直线状态的措施(见附图1-2)。

因旋转中的钢丝绳卷盘具有很大的惯性,故对此需要进行控制,使钢丝绳按顺序缓慢地释放出来。

绳卷中的钢丝绳应从一个卷盘中放出。作为一种选择,在较短长度的绳卷的外部绳端可能呈自由状态而剩余绳段则沿着地面向前滚动(见附图1-3)。为搬运方便,内部绳端应首先被固定到邻近的外圈。切勿由平放在地面的绳卷或卷盘释放钢丝绳(见附图1-4)。

钢丝绳在释放过程中应尽可能保持清洁。钢丝绳截断时,应按制造厂商的说明书进行(见附图1-1)。

为确保阻旋转钢丝绳的安装无旋紧或旋松现象,应对其给予特别关注,且任何切断是安全可靠和防止松散的。

注1:如果绳股被弄乱,很可能在后来的使用期间发生钢丝绳的变形,而且可能降低其使用寿命。

注2:钢丝绳安装期间旋紧或旋松现象可导致吊钩组的附加扭转。

钢丝绳在安装时不应随意乱放,亦即转动既不应使之绕进也不应使之绕出。在安装的时候,钢丝绳应总是同向弯曲,亦即从卷盘顶端到卷筒顶端,或从卷盘底部到卷筒底部处释放均应同向(见附图1-2)。

终端固定应特别小心确保安全可靠且应符合起重机手册的规定。

如果在安装期间起重机的任何部分对钢丝绳产生摩擦,则接触部位应采取有效的保护措施。

3.2.2 使用前试运转

钢丝绳在起重机上投入使用之前,用户应确保与钢丝绳运行关联的所有装置运转正常。为使钢丝绳及其附件调整到适应实际使用状态,应对机构在低速和大约10%左右的额定工作载荷(WLL)的状态下进行多次操作循环运转操作。

3.3 维护

对钢丝绳所进行的维护应与起重机、起重机的使用、环境以及所涉及的钢丝绳类型有关。除非起重机或钢丝绳制造商另有指示,否则钢丝绳在安装时应涂以润滑脂或润滑油。以后,钢丝绳应在必要的部位作清洗工作,而对在有规则的时间间隔内重复使用的钢丝绳,特别是绕过滑轮的长度范围内的钢丝绳在显示干燥或锈蚀迹象之前,均应使其保持良好的润滑状态。

钢丝绳的润滑油(脂)应与钢丝绳制造商使用的原始润滑油(脂)一致,且具有渗透力强的特性。如果钢丝绳润滑在起重机手册中不能确定,则用户应征询钢丝绳制造商的建议。

钢丝绳较短的使用寿命源于缺乏维护,尤其是起重机在有腐蚀性的环境中使用,以及由于与操作有关的各种原因,例如在禁止使用钢丝绳润滑剂的特定场合下使用。针对这种情况,钢丝绳检验的周期应相应缩短。

3.4 检验

3.4.1 周期

3.4.1.1 日常外观检验

每个工作日都应尽可能对任何钢丝绳的所有可见部位进行观察,目的是发现一般的损坏和变形。应特别注意钢丝绳在起重机上的连接部位(见图A.1),钢丝绳状态的任何可疑变化情况都应报告,并由主管人员按照3.4.2的规定进行检查。

3.4.1.2 定期检验

定期检验应由主管人员按照3.4.2的规定进行。为了确定定期检验的周期,应考虑如下各点:

——国家对应用钢丝绳的法规要求;

——起重机的类别及使用地的工作环境;

——起重机的工作级别;

——前期的检验结果;

——钢丝绳已使用的时间。

流动式起重机和塔式起重机用钢丝绳至少应按主管人员的决定每月检查一次或更多次。

注:根据钢丝绳的使用情况,主管人员有权决定缩短检查的时间间隔。

3.4.1.3 专项检验

专项检验应按照3.4.2的规定进行。

在钢丝绳和/或其固定端的损坏而引发事故的情况下,或钢丝绳经拆卸又重新安装投入使用前,均应对钢丝绳进行一次检查。

如起重机停止工作达2个月以上,在重新使用之前应对钢丝绳预先进行检查。

注:根据钢丝绳的使用情况,主管人员有权决定缩短检查的时间间隔。

3.4.1.4 在合成材料滑轮或带合成材料衬套的金属滑轮上使用的钢丝绳的检验

在纯合成材料或部分采用合成材料制成的或带有合成材料轮衬的金属滑轮上使用的钢丝绳,其外层发现有明显可见的断丝或磨损痕迹时,其内部可能早已产生了大量的断丝。在这些情况下,应根据以往的钢丝绳使用记录制定钢丝绳专项检验进度表,其中既要考虑使用中的常规检查结果，又要考虑从使用中撤下的钢丝绳的详细检验记录。

应特别注意已出现干燥或润滑剂变质的局部区域。

对专用起重设备用钢丝绳的报废标准，应以起重机制造商和钢丝绳制造商之间交换的资料为基础。

注：根据钢丝绳的使用情况，主管人员有权决定缩短检查的时间间隔。

3.4.2 检验部位

3.4.2.1 通则

钢丝绳应作全长检查，还应特别注意下列各部位：

——运动绳和固定绳两者的始末端；

——通过滑轮组或绕过滑轮的绳段；

——在起重机重复作业情况下，当起重机在受载状态时的绕过滑轮的钢丝绳任何部位（见附录A）；

——位于平衡滑轮的钢丝绳段；

——由于外部因素（例如舱口栏板）可能引起磨损的钢丝绳任何部位；

——产生锈蚀和疲劳的钢丝绳内部（见附录C）；

——处于热环境的绳段。

检验的结果应记录在起重机检验的记录本中（典型示例见第6章和附录B）。

3.4.2.2 索具除外的绳端部位

应对从固定端引出的钢丝绳段作检查，这个部位是发生疲劳（断丝）和锈蚀的危险点。对固定装置本身也应作变形或磨损检验。

对于采用压制或锻造绳箍的绳端固定装置应进行类似的检验，并检验绳箍材料是否有裂纹以及绳箍和钢丝绳之间可能的滑移。

可拆卸的装置（例如楔形接头、钢丝绳夹）应检验其内部绳段和绳端内的断丝情况，并确保楔形接头、钢丝绳夹的紧固性，检验内容还包括绳端装置是否完全符合相关标准和操作规程的要求。

对手工编织的环状插扣式绳头应只使用在接头的尾部（目的是为了防止绳端突出的钢丝伤手），而接头的其余部位应随时用肉眼检查其断丝的情况。

若断丝明显发生在绳端装置附近或绳端装置内，可将钢丝绳截短再重新装到绳端固定装置上使用，然而，钢丝绳最终的长度应充分满足在卷筒上缠绕最少圈数的要求。

3.4.3 无损检测

借助电磁技术的无损检测可作为对外观检验的辅助检验，用以确定钢丝绳损坏的区域和程度。

拟采用电磁方法以 NDT（无损检测）作为对外观检验的辅助检验时，应在钢丝绳安装之后尽快地进行初始的电磁 NDT（无损检测）。

3.5 报废标准
3.5.1 总则

钢丝绳的安全使用由下列各项标准来判定（见 3.5.2～3.5.12）：

——断丝的性质和数量；

——绳端断丝；

——断丝的局部聚集；

——断丝的增加率；

——绳股断裂；

——绳径减小，包括从绳芯损坏所致的情况；

——弹性降低；

——外部和内部磨损；

——外部和内部锈蚀；

——变形；

——由于受热或电弧的作用引起的损坏；

——永久伸长率。

所有的检验均应考虑上述各项因素，作为公认的特定标准。但钢丝绳的损坏通常是由多种综合因素造成的，主管人员应根据其累积效应判断原因并作出钢丝绳是报废还是继续使用的决定。

在所有的情况下，检验人员应调查研究是否因起重机工作异常引起钢丝绳损坏；如果是，则应在安装新钢丝绳之前，推荐采取消除导致工作异常的措施。

单项损坏程度应作评定，并以专项报废标准的百分比表示。钢丝绳在任何的给定部位损坏的累积程度应将该部位记录的单项值相加来确定。当在任何的部位累积值达到100％时，该钢丝绳应报废。

3.5.2 断丝的性质和数量

起重机的总体设计不允许钢丝绳有无限长的使用寿命。

对于6股和8股的钢丝绳，断丝通常发生在外表面。对于阻旋转钢丝绳，断丝大多发生在内部因而是"非可见的"断丝。附表1-1和附表1-2是指3.5.3～3.5.12中各种因素进行综合考虑后的断丝控制标准。

谷部断丝可能指示钢丝绳内部的损坏，需要对该区段钢丝绳作更周密的检验。当在一个捻距内发现两处或多处的谷部断丝时，钢丝绳应考虑报废。

当制定阻旋转钢丝绳报废标准时，应考虑钢丝绳结构、使用长度和钢丝绳使用方式。有关钢丝绳的可见断丝数及其报废标准在附表1-2中给出。

应特别注意出现润滑油发干或变质现象的局部区域。

附表 1-1 钢制滑轮上使用的单层股钢丝绳和平行捻密实钢丝绳中达到或超过报废标准的可见断丝数

钢丝绳号 RCN 类别（参见附录E）	外层股中承载钢丝的总数 n	可见断丝的数量[b]							
		在钢制滑轮和/或单层缠绕在卷筒上工作的钢丝绳区段（钢丝断裂随机分布）						多层缠绕在卷筒上工作的钢丝绳区段[c]	
		工作级别 M1～M4 或未知级别[d]						所有工作级别	
		交互捻		同向捻				交互捻和同向捻	
		长度范围大于 $6d^e$	长度范围大于 $30d^e$	长度范围大于 $6d^e$	长度范围大于 $30d^e$			长度范围大于 $6d^e$	长度范围大于 $30d^e$
01	$n \leq 50$	2	4	1	2			4	8
02	$51 \leq n \leq 75$	3	6	2	3			6	12
03	$76 \leq n \leq 100$	4	8	2	4			8	16
04	$101 \leq n \leq 120$	5	10	2	5			10	20
05	$121 \leq n \leq 140$	6	11	3	6			12	22
06	$141 \leq n \leq 160$	6	13	3	6			12	26
07	$161 \leq n \leq 180$	7	14	4	7			14	28
08	$181 \leq n \leq 200$	8	16	4	8			16	32
09	$201 \leq n \leq 220$	9	18	4	9			18	36
10	$221 \leq n \leq 240$	10	19	5	10			20	38
11	$241 \leq n \leq 260$	10	21	5	10			20	42

续表

钢丝绳类别号 RCN (参见附录E)	外层股中承载钢丝的总数[a] n	可见断丝的数量[b]							
		在钢制滑轮和/或单层缠绕在卷筒上工作的钢丝绳区段(钢丝断裂随机分布)						多层缠绕在卷筒上工作的钢丝绳区段[c]	
		工作级别 M1~M4 或未知级别[d]						所有工作级别	
		交互捻		同向捻				交互捻和同向捻	
		长度范围大于 $6d$[e]	长度范围大于 $30d$[e]	长度范围大于 $6d$[e]	长度范围大于 $30d$[e]			长度范围大于 $6d$[e]	长度范围大于 $30d$[e]
12	261≤n≤280	11	22	6	11			22	44
13	281≤n≤300	12	24	6	12			24	48
	n>300	$0.04n$	$0.08n$	$0.02n$	$0.04n$			$0.08n$	$0.16n$

注: 1. 具有外层股中每股钢丝数≤19根的西鲁型(Seale)钢丝绳(例如 6×19 西鲁型)的其他区段,该滑轮适用合成材料制成的或具有合成材料轮衬。但不适用于专门于在滑轮工作的或以由合成材料组合单层卷筒的滑轮工作的钢丝绳。
2. 在多层缠绕卷筒区段上述数值也可适用于在滑轮工作的钢丝绳部分,在表中被分列为两行,上面一行构成为正常放置的外层股区段。

[a] 本标准中的填充钢丝未被视为承载钢丝,因而不包含在 n 值中。
[b] 一根断丝包含有两个断头(按一根钢丝计数)。
[c] 这些数值适用于在专门于在跃层区和由于缠入角影响重叠层之间产生干涉而损坏的区段(且并非仅在滑轮工作和不缠绕在卷筒上的钢丝绳工作级别为 M5~M8 的机构,参见 GB/T 24811.1—2009。
[d] 可将以上所列断丝公称的两倍数值用于已知其工作级别的那些区段。
[e] d——钢丝绳公称直径。

在阻旋转钢丝绳中达到或超过报废标准的可见断丝数

附表1-2

钢丝绳类别号 RCN (见附录E)	钢丝绳外层股数和在外层股中承载钢丝总数[a] n	可见断丝数量[b]			
		在钢制滑轮和/或单层缠绕在卷筒上工作的钢丝绳区段		多层缠绕在卷筒上工作的钢丝绳区段[c]	
		长度范围大于 $6d$[d]	长度范围大于 $30d$[d]	长度范围大于 $6d$[d]	长度范围大于 $30d$[d]
21	4股 $n \leqslant 100$	2	4	2	4
	3股或4股 $n \geqslant 100$	2	4	4	8
	至少11个外层股				
23-1	$76 \leqslant n \leqslant 100$	2	4	4	8
23-2	$101 \leqslant n \leqslant 120$	2	4	5	10
23-3	$121 \leqslant n \leqslant 140$	2	4	6	11
24	$141 \leqslant n \leqslant 160$	3	6	6	13
25	$161 \leqslant n \leqslant 180$	4	7	7	14
26	$181 \leqslant n \leqslant 200$	4	8	8	16
27	$201 \leqslant n \leqslant 220$	4	9	9	18
28	$221 \leqslant n \leqslant 240$	5	10	10	19
29	$241 \leqslant n \leqslant 260$	5	10	10	21
30	$261 \leqslant n \leqslant 280$	6	11	11	22
31	$281 \leqslant n \leqslant 300$	6	12	12	24
	$n > 300$	6	12	12	24

注 1. 具有外层股的每股钢丝数≤19根的西鲁型(Seale)钢丝绳(例如18×19西鲁型-WSC型)在表中被放置在两行内,上面一行构成为正常放置的外层股承载钢丝的数目。

2. 在多层缠绕卷筒区段上述数值也可适用于在滑轮工作的钢丝绳的其他区段,该滑轮是用合成材料制成的或具有合成材料轮衬。它们不适用于在专门用合成材料制成的或以由合成材料内层组合的单层卷绕的滑轮工作的钢丝绳。

[a] 本标准中的填充钢丝未被视为承载钢丝,因而不包含在 n 值中。

[b] 一根断丝会有两个端头(计算时只算一根钢丝)。

[c] 这些数值适用于在跃层区和由于缠入角影响重叠层之间产生干涉而损坏的区段(且并非仅在滑轮工作和不缠绕在卷筒上的钢丝绳的那些区段)。

[d] d——钢丝绳名义直径。

3.5.3 绳端断丝

绳端或其邻近的断丝，尽管数量很少但表明该处的应力很大，可能是绳端不正确的安装所致，应查明损坏的原因。为了继续使用，若剩余的长度足够，应将钢丝绳截短（截去绳端断丝部位）再造终端。否则，钢丝绳应报废。

3.5.4 断丝的局部聚集

如断丝紧靠在一起形成局部聚集，则钢丝绳应报废。如这种断丝聚集在小于 $6d$ 的绳长范围内，或者集中在任一支绳股里，那么，即使断丝数比附表 1-1 或附表 1-2 列出的最大值少，钢丝绳也应予以报废。

3.5.5 断丝的增加率

在某些使用场合，疲劳是引起钢丝绳损坏的主要原因，钢丝绳在使用一个时期之后才会出现断丝，而且断丝数将会随着时间的推移逐渐增加。在这种情况下，为了确定断丝的增加率，建议定期仔细检验并记录断丝数，以此为据可用以推定钢丝绳未来报废的日期。

3.5.6 绳股断裂

如果整支绳股发生断裂，钢丝绳应立即报废。

3.5.7 绳径因绳芯损坏而减小

由于绳芯的损坏引起钢丝绳直径减小的主要原因如下：

——内部的磨损和钢丝压痕；

——钢丝绳中各绳股和钢丝之间的摩擦引起的内部磨损，特别是当其受弯曲时尤甚；

——纤维绳芯的损坏；

——钢芯的断裂；

——阻旋转钢丝绳中内层股的断裂。

如果这些因素引起阻旋转钢丝绳实测直径比钢丝绳公称直径减小 3%，或其他类型的钢丝绳减小 10%，即使没有可见断丝，钢丝绳也应报废。

注：通常新的钢丝绳实际直径大于钢丝绳公称直径。

微小的损坏，特别当钢丝绳应力在各绳股中始终得以良好的平衡时，从通常的检验中不可能如此明显检出。然而，此种情况可能造成钢丝绳强度大大降低。因此，对任何细微的内部损坏均应采用内部检验程序查证（见附录C或采用无损检测）。如果此种损坏被证实，钢丝绳应报废。

3.5.8 外部磨损

钢丝绳外层绳股的钢丝表面的磨损，是由于其在压力作用下机组轮和卷筒的绳槽接触摩擦造成的。这种现象在吊运载荷加速或减速运动时，在钢丝绳与滑轮接触部位特别明显。而且表现为外部钢丝被磨成平面状。

润滑不足或不正确的润滑以及灰尘和砂砾促使磨损加剧。

磨损使钢丝绳股的横截面积减小从而降低钢丝绳的强度，如果由于外部的磨损使钢丝绳实际直径比其公称直径减小7%或更多时，即使无可见断丝，钢丝绳也应报废。

3.5.9 弹性降低

在某些情况下，通常与工作环境有关，钢丝绳的实际弹性显著降低，继续使用是不安全的。

弹性降低较难发现，如果检验人员有任何怀疑，应征询钢丝绳专家的意见。然而，弹性降低通常还与下列各项有关：

——绳径的减小；

——钢丝绳捻距的伸长；

——由于各部分彼此压紧，引起钢丝之间和绳股之间缺乏空隙；

——在绳股之间或绳股内部，出现细微的褐色粉末；

——韧性降低。

虽未发现可见断丝，但钢丝绳手感会明显僵硬且直径减小，比单纯由于钢丝磨损使直径减小要更严重，这种状态会导致钢丝绳在动载作用下突然断裂，是钢丝绳立即报废的充分理由。

3.5.10 外部和内部腐蚀

3.5.10.1 一般情况

腐蚀在海洋和工业污染的大气中特别容易发生。它不仅会由于钢丝绳金属断面减小导致钢丝绳的破断强度降低，而且严重破裂的不规则表面还会促使疲劳加速。严重的腐蚀能引起钢丝绳的弹性降低。

3.5.10.2 外部腐蚀

外部钢丝的锈蚀通常可用目测发现。

由于腐蚀侵袭及钢材损失而引起的钢丝松弛，是钢丝绳立即报废的充分理由。

3.5.10.3 内部腐蚀

这种情况比时常伴随它发生的外部腐蚀更难发现，但是下列现象可供识别（见附录D）：

——钢丝绳直径的变化；

——钢丝绳在绕过滑轮的弯曲部位，通常会发生直径减小。但静止段的钢丝绳由于外层绳股锈蚀而引起绳径增加并非罕见；

——钢丝绳的外层绳股间的空隙减小，还经常伴随出现绳股之间或绳股内部的断丝。

如果有任何内部腐蚀的迹象，应按附录C的说明由主管人员对钢丝绳作内部检验。一经确认有严重的内部腐蚀，钢丝绳应立即报废。

3.5.11 变形

3.5.11.1 一般情况

钢丝绳失去它的正常形状而产生可见的畸形称为"变形"，这种变形会导致钢丝绳内部应力分布不均匀。

3.5.11.2 波浪形

波浪形是一种变形,它使钢丝绳无论在承载还是在卸载状态下,其纵向轴线呈螺旋线形状。这种变形不一定导致强度的损失,但变形严重时,可能产生跳动造成钢丝绳传动不规则。长期工作之后,会引起磨损加剧和断丝。

在出现波浪形(见附图1-5)的情况下,如果绕过滑轮或卷筒的钢丝绳在任何载荷状态下不弯曲的直线部分满足以下条件:

$$d_1 > 4d/3$$

或如果绕过滑轮或卷筒的钢丝绳的弯曲部分满足以下条件:

$$d_1 > 1.1d$$

则钢丝绳均应予以报废。

式中 d——为钢丝绳公称直径;

d_1——为钢丝绳变形后相应的包络直径。

3.5.11.3 笼状畸变

篮形或笼状畸变也称"灯笼形",是由于绳芯和外层绳股的长度不同生产的结果。不同的机构均能产生这种畸变。

例如当钢丝绳以很大的偏角绕入滑轮或者卷筒时,它首先接触滑轮的轮缘或卷筒绳槽尖,然后向下滚动落入绳槽的底部。这个特性导致对外层绳股的散开程度大于绳芯,因而使钢丝绳股和绳芯间产生长度差。

钢丝绳绕过"致密滑轮"即绳槽半径太小的滑轮时,钢丝绳被压缩使绳径减小,同时造成钢丝绳长度增加。如绳股的外层被压缩和拉长的长度大于钢丝绳绳芯被压缩和拉长的长度,这种情况就会再次形成钢丝绳绳股与绳芯间的长度差。

在这两种情况下,滑轮和卷筒均能使松散的外层股移位,并使长度差集中在钢丝绳缠绕系统内某个位置上出现篮形或笼状畸变。

有笼状畸变的钢丝绳应立即报废。

3.5.11.4 绳芯或绳股挤出/扭曲

这一钢丝绳失衡现象表现为外层绳股之间的绳芯（对阻旋转钢丝绳而言则为钢丝绳中心）挤出（隆起），或钢丝绳外层股或绳股有绳芯挤出（隆起）的一种篮形或笼状畸变的特殊型式。

有绳芯或绳股挤出（隆起）或扭曲的钢丝绳应立即报废。

3.5.11.5 钢丝挤出

钢丝挤出是一些钢丝或钢丝束在钢丝绳背对滑轮槽的一侧拱起形成环状的变形。有钢丝挤出的钢丝绳应立即报废。

3.5.11.6 绳径局部增大

钢丝绳直径发生局部增大，并能波及相当长的一段钢丝绳，这种情况通常与绳芯的畸变有关（在特殊环境中，纤维芯由于受潮而膨胀），结果使外层绳股受力不均衡，造成绳股错位。

如果这种情况使钢丝绳实际直径增加5%以上，钢丝绳应立即报废。

3.5.11.7 局部压扁

通过滑轮部分压扁的钢丝绳将会很快损坏，表现为断丝并可能损坏滑轮，如此情况的钢丝绳应立即报废。

位于固定索具中的钢丝绳压扁部位会加速腐蚀，如果继续使用，应按规定的缩短周期对其进行检查。

3.5.11.8 扭结

扭结是由于钢丝绳成环状在不允许绕其轴线转动的情况下被绷紧造成的一种变形。其结果是出现捻距不均而引起过度磨损，严重时钢丝绳将产生扭曲，以致仅存极小的强度。

有扭结的钢丝绳应立即报废。

3.5.11.9 弯折

弯折是由外界影响因素引起的钢丝绳的角度变形。

有严重弯折的钢丝绳类似钢丝绳的局部压扁，应按3.5.11.7的要求处理。

3.5.12 受热或电弧引起的损坏

钢丝绳因异常的热影响作用在外表出现可识别的颜色变化时,应立即报废。

4 钢丝绳的使用情况记录

检验人员准确记录的资料可用于预测在起重机上的特种钢丝绳的使用性能。这些资料在调整维护程序以及调控钢丝绳更换件的库存量方面都是有用的。如果采用这些预测,则不应因此而放松检验或延长本标准前述条款中规定的使用期限。

5 与钢丝绳有关的设备情况

缠绕钢丝绳的卷筒和滑轮应作定期检查,以确保这些部件的正常运转。

不灵活或被卡住的滑轮或导轮急剧且不均衡的磨损,导致配用钢丝绳的严重磨损。滑轮的无效补偿可能会引起钢丝绳缠绕时受力不均匀。

所有滑轮槽底半径应与钢丝绳公称直径相匹配(详见GB/T 24811.1—2009)。若槽底半径太大或太小,应重新加工绳槽或更换滑轮。

6 钢丝绳检验记录

对于每一次定期或专项检验,检验者应提供与检验有关的数据记录本。典型的检验记录实例见附录B。

7 钢丝绳的贮存和鉴别

应提供清洁、干燥和无污染的仓库储藏钢丝绳,以避免备用钢丝绳的损坏。

应根据钢丝绳的检验记录提供明确的鉴别方法。

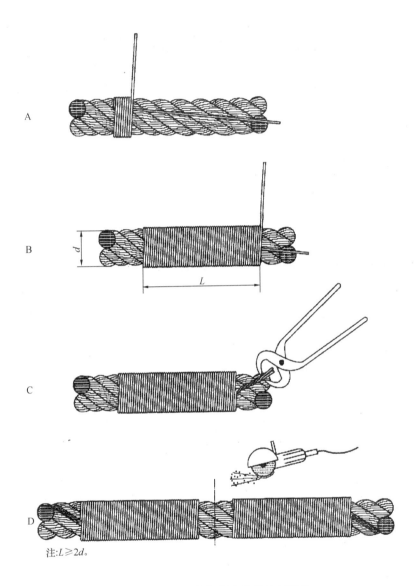

附图 1-1 钢丝绳切断之前的施工准备

附图1-2 带张紧装置的钢丝绳从卷盘底部
缠绕到卷筒底部的示例

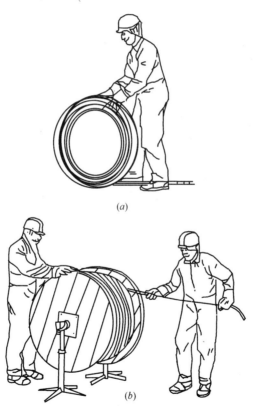

(a)

(b)

附图1-3 解开钢丝绳的正确方法
(a)从绳卷解开；(b)从卷盘上解开

281

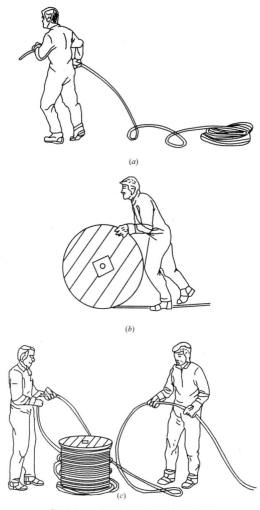

附图 1-4 解开钢丝绳的错误方法
(a) 从绳卷解开；(b)、(c) 从卷盘解开

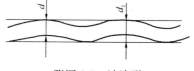

附图 1-5 波浪形

附 录 A
（资料性附录）
检验鉴定部位及相关缺陷

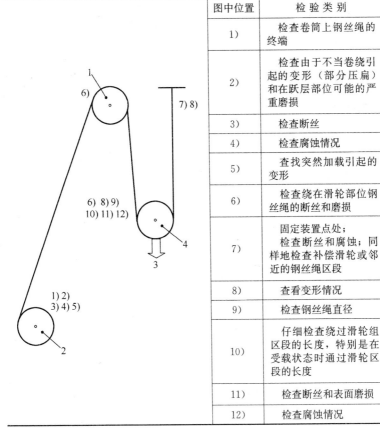

图中位置	检验类别
1)	检查卷筒上钢丝绳的终端
2)	检查由于不当卷绕引起的变形（部分压扁）和在跃层部位可能的严重磨损
3)	检查断丝
4)	检查腐蚀情况
5)	查找突然加载引起的变形
6)	检查绕在滑轮部位钢丝绳的断丝和磨损
7)	固定装置点处：检查断丝和腐蚀；同样地检查补偿滑轮或邻近的钢丝绳区段
8)	查看变形情况
9)	检查钢丝绳直径
10)	仔细检查绕过滑轮组区段的长度，特别是在受载状态时通过滑轮区段的长度
11)	检查断丝和表面磨损
12)	检查腐蚀情况

图中：
1——定滑轮；
2——卷筒；
3——载荷；
4——动滑轮组。

图 A.1 钢丝绳系统检验鉴定部位的示例和相关缺陷

附 录 B
（资料性附录）
钢丝绳检验记录的典型示例

B.1 单式记录

起重机情况：				钢丝绳用途：			
钢丝绳详细资料： 商标品牌（若已知）： 公称直径_____ mm 结构： 绳芯[a]：IWRC 独立钢丝绳　FC 纤维（天然或合成织物）　WSC 钢丝股 钢丝表面：无镀层　镀锌 捻制方向和类型[a]：右向：　sZ 交互捻 zZ 同向捻　Z 右捻　左向：sS 同向捻　S 左捻 允许可见断丝数量：_____（在 $6d$ 长度范围内）_____（在 $30d$ 长度范围内） 允许的绳径减小量：10％或 3％							
安装日期（年/月/日）：_____				报废日期（年/月/日）：_____			
可见断丝数		绳径减小		外层钢丝磨损	腐蚀	损坏和变形	钢丝绳的部位	全面评价
所在长度范围		实际直径	比公称直径的减小量	程度	程度	程度和类型		程度[b]
$6d$	$30d$							
其他观察值/意见： 履行日期（周期/小时/天/月/其他）：_____								
检验日期：　　年　月　日　　盖章：_____　　签名：_____								
[a] 可用打勾标记。 [b] 描述损坏的程度如：轻微、中等、严重、非常严重或报废。								

B.2 使用记录

起重机情况	钢丝绳安装日期	钢丝绳详细资料（钢丝绳名称见（GB/T 8706—2006）					
		RCN[a]	钢丝绳公称直径/mm	商标名称 结构	绳芯[b] 钢芯 IWRC 纤维芯 FC 混合芯 WSC	钢丝表面状况[b] 无镀层 镀锌	捻制方向及型式[b] 右向：sZ zZ Z 左向：zS sS S
钢丝绳用途： 钢丝绳终端固定装置：	钢丝绳报废日期						
		外层钢丝允许断丝数 在 6d 范围内_____ 在 30d 范围内_____					绳径允许的减少量 10%或3%
检验日期	可见外部断丝			绳径减小		腐蚀	损坏和变形	累积损坏程度[c] （备注）
	在以下长度范围的断丝数	钢丝绳的部位	程度	实际绳径	比公称直径的减小量	钢丝绳的部位	程度	钢丝绳的部位	程度[a]	钢丝绳的部位	程度[c]	
	6d	30d										
检验人员的签名和盖章												

[a] RCN 是钢丝绳类型号码（见附表 1-1、附表 1-2 和附录 E）。
[b] 可用打勾表示。
[c] 损坏程度的表示：20%——轻微；40%——中等；60%——严重；80%——非常严重；100%——报废。

附 录 C
（资料性附录）
钢丝绳的内部检验

C.1 概述

从检验钢丝绳和将其从使用中报废所获得的经验表明，内部损伤是许多钢丝绳失效的首要原因，主要是由于腐蚀和正常疲劳的扩展所致。常规的外部检验可能发现不了内部损坏的程度，甚至到了濒临断裂的危险来临时也是如此。

内部检验应由主管人员进行。

各种股型的钢丝绳均能充分松开并允许对其内部情况作评估，但对粗钢丝绳的评估有困难。然而，配用于起重机的多数钢丝绳在零张力状态下就能进行内部检查。

正如本附录所推荐，钢丝绳的外观检验只能在钢丝绳有限的部位进行；全长检验应考虑采用经批准的无损检测。

C.2 程序

C.2.1 钢丝绳的一般检验

将两个适当尺寸的夹钳以一定的间隔距离牢固地夹到钢丝绳上，朝着与钢丝绳捻向相反的方向对夹钳施加一个力，外层的绳股就会散开并脱离绳芯［见图C.1（a）］。

在打开过程中要特别注意不要使夹钳绕钢丝绳外围打滑，各绳股的位移也不宜太大。

当钢丝绳稍微拧开的时候，可用一个小试探物，例如一把螺丝刀清除可能妨碍钢丝绳的内部观测的油脂或碎片。

应观测下列各项：

——内部润滑状态；

——腐蚀程度；

——由于挤压或磨损引起的钢丝损坏的痕迹；

——有无断丝（这些不一定容易发现）。

检验之后，在拧开部位放入一些维修油膏，以适度的力量转动夹钳，确保绳股在绳芯周围准确复位。

移去夹钳并在钢丝绳外表面涂以润滑脂。

C.2.2 对邻近绳端的钢丝绳段的检验

检查钢丝绳的这些部位，只要使用单个夹钳就足够了。因用接头锚固装置或用销轴适当地穿过绳端尾部就能保证第二端不动〔见图C.1（b）〕。实施检验按C.2.1。

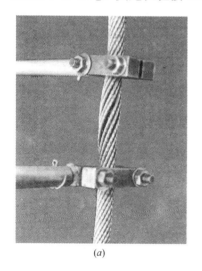 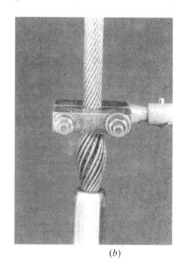

(a) (b)

图 C.1 内部检验

(a)钢丝绳的连续绳段(零张力)；(b)紧靠终端固定装置的钢丝绳端(零张力)

C.3 应检验的部位

由于对钢丝绳全长都作内部检验是不切实际的，所以应选择适当的绳段进行检验。

对于缠绕在卷筒或绕过滑轮或导轮的钢丝绳，建议在起重机处于承载状态时检验与滑轮绳槽啮合的绳段。应检验冲击力集中的那些局部区域（即靠近卷筒和臂架导向滑轮的区域），特别是长期暴露在露天中的那些绳段。

应注意靠近绳端的区域，特别重要的是固定钢丝绳的情况，例如支持绳或悬挂绳。

附 录 D
（资料性附录）
钢丝绳可能出现的缺陷

表 D.1 列出了钢丝绳可能出现的缺陷以及相应的报废标准。图 D.1～图 D.20 展示了每种缺陷的典型示例。

可能出现的缺陷和相应的报废标准　　　　表 D.1

缺陷照片号	缺　　陷	对应本标准的章条
D.1	钢丝挤出	3.5.11.5
D.2	单层股钢丝绳绳芯挤出	3.5.11.4
D.3	钢丝绳直径局部减小（绳股凹陷）	3.5.7
D.4	绳股挤出/扭曲	3.5.11.4
D.5	局部压扁	3.5.11.7
D.6	扭结（正向）	3.5.11.8
D.7	扭结（逆向）	3.5.11.8
D.8	波浪形	3.5.11.2
D.9	笼状畸变	3.5.11.3
D.10	外部磨损	3.5.8
D.11	外部磨损放大图	3.5.8
D.12	外部腐蚀	3.5.10.2
D.13	外部腐蚀放大图	3.5.10.2
D.14	表面断丝	3.5.2
D.15	谷部断丝	3.5.2
D.16	阻旋转钢丝绳内部的绳股突出	3.5.11.4
D.17	由于绳芯扭曲变形使局部的钢丝绳直径增大	3.5.11.6
D.18	扭结	3.5.11.8
D.19	局部压扁	3.5.11.7
D.20	内部腐蚀	3.5.10.3

图 D.1 钢丝挤出

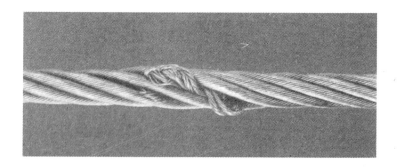

图 D.2 单层股钢丝绳绳芯挤出

图 D.3 钢丝绳直径局部减小(绳股凹陷)

图 D.4 绳股挤出/扭曲

图 D.5 局部压扁

图 D.6 扭结(正向)

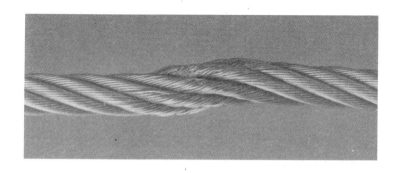

图 D.7 扭结（逆向）

图 D.8 波浪形

图 D.9 笼状畸变

图 D.10 外部磨损

图 D.11 外部磨损放大图

图 D.12 外部腐蚀

图 D.13 外部腐蚀放大图

图 D.14 表面断丝

图 D.15 谷部断丝

图 D.16 阻旋转钢丝绳内部的绳股突出

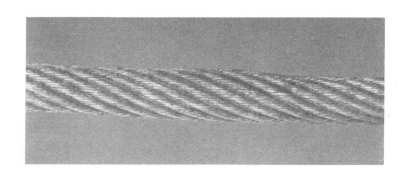

图 D.17 由于绳芯扭曲变形使局部的钢丝绳直径增大

图 D.18 扭结

图 D.19　局部压扁

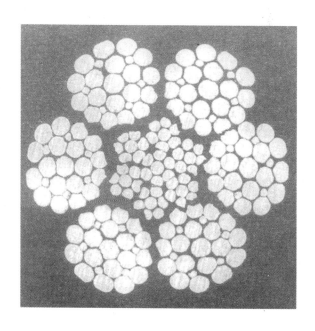

图 D.20　内部腐蚀

附 录 E

(资料性附录)

钢丝绳横截面示例及相应的种类编号(RCN)

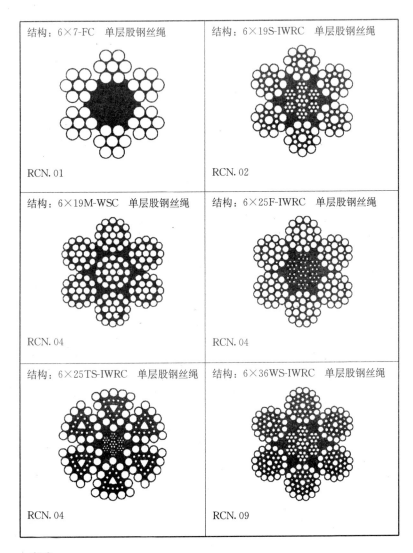

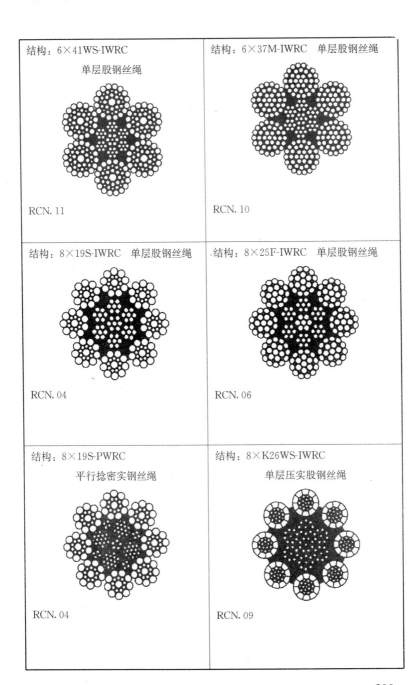

	结构：4×K26WS 单层/阻旋转压实股钢丝绳 RCN.22
结构：6×K26WS-IWRC 单层压实股钢丝绳 RCN.06	结构：6×K36WS-IWRC 单层压实股钢丝绳 RCN.09
结构：8×K26WS-PWRC 平行捻密实压实股钢丝绳 RCN.09	结构：8×K19S-WSC 或 19×K19S 阻旋转压实股钢丝绳 RCN.23

	结构：4×K29F 单层股钢丝绳/阻旋转钢丝绳 RCN.21
结构：K3×40 单层压实（锻打）钢丝绳/ 阻旋转压实（锻打）钢丝绳 RCN.22	结构：K4×40 单层压实（锻打）钢丝绳/ 阻旋转压实（锻打）钢丝绳 RCN.22
结构：K3×48 单层压实（锻打）钢丝绳/ 阻旋转压实（锻打）钢丝绳 RCN.22	结构：K4×48 单层压实（锻打）钢丝绳/ 阻旋转压实（锻打）钢丝绳 RCN.22

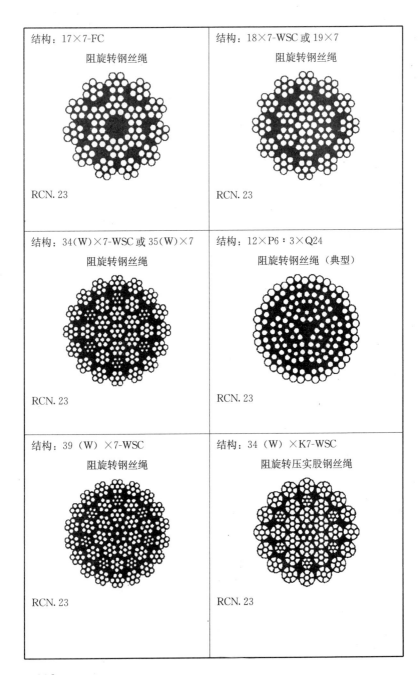

结构:39(W)×K7-KWSC
阻旋转压实股钢丝绳

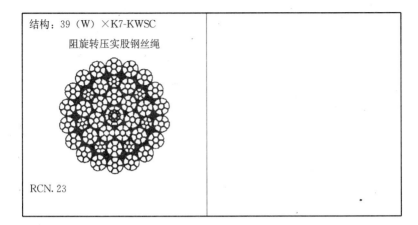

RCN.23

附录 3

起重吊运指挥信号

（GB 5082—85）

引言

为确保起重吊运安全，防止发生事故，适应科学管理的需要，特制订本标准。

本标准对现场指挥人员和起重机司机所使用的基本信号和有关安全技术作了统一规定。

本标准适用于以下类型的起重机械：

桥式起重机（包括冶金起重机）、门式起重机、装卸桥、缆索起重机、塔式起重机、门座起重机、汽车起重机、轮胎起重机、铁路起重机、履带起重机、浮式起重机、桅杆起重机、船用起重机等。

本标准不适用于矿井提升设备、载人电梯设备。

1 名词术语

通用手势信号——指各种类型的起重机在起重、吊运中普遍适用的指挥手势。

专用手势信号——指具有特殊的起升、变幅、回转机构的起重机单独使用的指挥手势。

吊钩（包括吊环、电磁吸盘、抓斗等）——指空钩以及负有载荷的吊钩。

起重机"前进"或"后退"——"前进"指起重机向指挥人员开来;"后退"指起重机离开指挥人员。

前、后、左、右——在指挥语言中,均以司机所在位置为基准。

音响符号:

"——"表示大于一秒钟的长声符号。

"●"表示小于一秒钟的短声符号。

"○"表示停顿的符号。

2 指挥人员使用的信号

2.1 手势信号

2.1.1 通用手势信号

2.1.1.1 "预备"(注意)

手臂伸直,置于头上方,五指自然伸开,手心朝前保持不动(附图 3-1)。

2.1.1.2 "要主钩"

单手自然握拳,置于头上,轻触头顶(附图 3-2)。

附图 3-1　　　附图 3-2

2.1.1.3 "要副钩"

一只手握拳，小臂向上不动，另一只手伸出，手心轻触前只手的肘关节（附图 3-3）。

2.1.1.4 "吊钩上升"

小臂向侧上方伸直，五指自然伸开，高于肩部，以腕部为轴转动（附图 3-4）。

附图 3-3

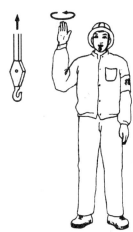

附图 3-4

附图 3-5

2.1.1.5 "吊钩下降"

手臂伸向侧前下方，与身体夹角约为 30°，五指自然伸开，以腕部为轴转动（附图 3-5）。

2.1.1.6 "吊钩水平移动"

小臂向侧上方伸直，五指并拢手心朝外，朝负载应运行的方向，向下挥动到与肩相平的位置（附图 3-6）。

2.1.1.7 "吊钩微微上升"

小臂伸向侧前上方，手心朝上高于

肩部，以腕部为轴，重复向上摆动手掌（附图3-7）。

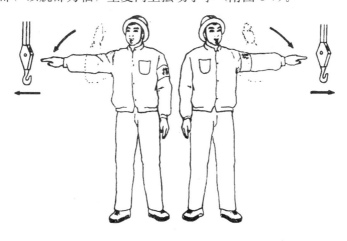

附图3-6

2.1.1.8 "吊钩微微下降"

手臂伸向侧前下方，与身体夹角约为30°，手心朝下，以腕部为轴，重复向下摆动手掌（附图3-8）。

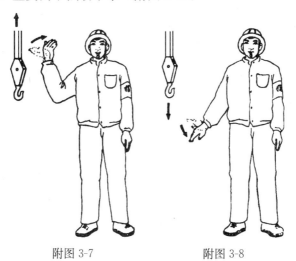

附图3-7　　　　附图3-8

2.1.1.9 "吊钩水平微微移动"

小臂向侧上方自然伸出，五指并拢手心朝外，朝负载应运行的方向，重复做缓慢的水平运动（附图3-9）。

附图 3-9

2.1.1.10 "微动范围"

双小臂曲起，伸向一侧，五指伸直，手心相对，其间距与负载所要移动的距离接近（附图3-10）。

2.1.1.11 "指示降落方位"

五指伸直，指出负载应降落的位置（附图3-11）。

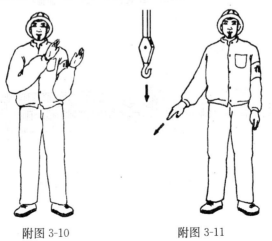

附图 3-10　　　　附图 3-11

2.1.1.12 "停止"

小臂水平置于胸前,五指伸开,手心朝下,水平挥向一侧(附图 3-12)。

2.1.1.13 "紧急停止"

两小臂水平置于胸前,五指伸开,手心朝下,同时水平挥向两侧(附图 3-13)。

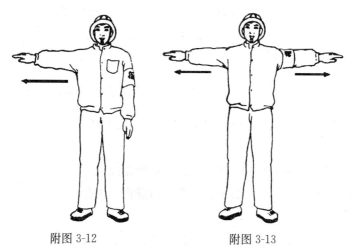

附图 3-12　　　　　附图 3-13

2.1.1.14 "工作结束"

双手五指伸开,在额前交叉(附图 3-14)。

2.1.2 专用手势信号

2.1.2.1 "升臂"

手臂向一侧水平伸直,拇指朝上,余指握拢,小臂向上摆动(附图 3-15)。

2.1.2.2 "降臂"

手臂向一侧水平伸直,拇指朝下,余指握拢,小臂向下摆动(附图 3-16)。

2.1.2.3 "转臂"

手臂水平伸直,指向应转臂的方向,拇指伸出,余指握拢,以腕部为轴转动（附图3-17）。

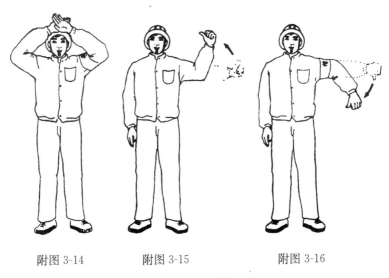

附图3-14　　　　　附图3-15　　　　　附图3-16

附图3-17

2.1.2.4 "微微升臂"

一只小臂置于胸前一侧，五指伸直，手心朝下，保持不动。另一只手的拇指对着前手手心，余指握拢，做上下移动（附图3-18）。

2.1.2.5 "微微降臂"

一只小臂置于胸前一侧,五指伸直,手心朝上,保持不动。另一只手的拇指对着前手手心,余指握拢,做上下移动(附图3-19)。

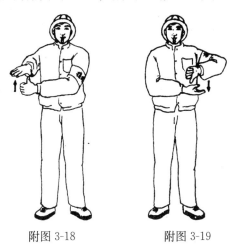

附图 3-18　　　　附图 3-19

2.1.2.6 "微微转臂"

一只小臂向前平伸,手心自然朝向内侧。另一只手的拇指指向前只手的手心,余指握拢做转动(附图3-20)。

附图 3-20

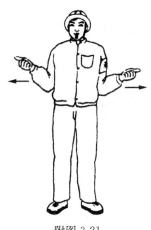

2.1.2.7 "伸臂"

两手分别握拳，拳心朝上，拇指分别指向两侧，做相斥运动（附图3-21）。

2.1.2.8 "缩臂"

两手分别握拳，拳心朝下，拇指对指，做相向运动（附图3-22）。

2.1.2.9 "履带起重机回转"

一只小臂水平前伸，五指自然伸出不动。另一只小臂在胸前作水平重复摆动（附图3-23）。

附图 3-21

2.1.2.10 "起重机前进"

双手臂先向前平伸，然后小臂曲起，五指并拢，手心对着自己，做前后运动（附图3-24）。

2.1.2.11 "起重机后退"

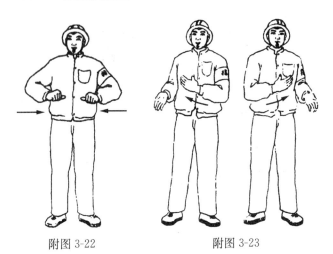

附图 3-22　　　　　附图 3-23

双小臂向上曲起，五指并拢，手心朝向起重机，做前后运动（附图 3-25）。

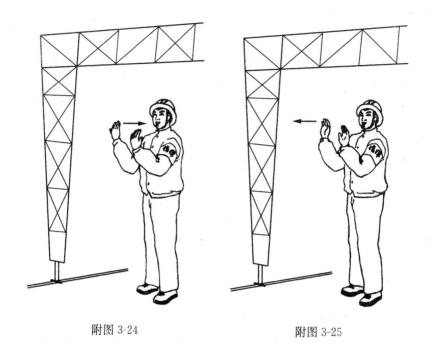

附图 3-24　　　　　　　　附图 3-25

2.1.2.12　"抓取"（吸取）

两小臂分别置于侧前方，手心相对，由两侧向中间摆动（附图 3-26）。

2.1.2.13　"释放"

两小臂分别置于侧前方，手心朝外，两臂分别向两侧摆动（附图 3-27）。

2.1.2.14　"翻转"

一小臂向前曲起，手心朝上。另一小臂向前伸出，手心朝下，双手同时进行翻转（附图 3-28）。

2.1.3　船用起重机（或双机吊运）专用手势信号

2.1.3.1　"微速起钩"

两小臂水平伸向侧前方，五指伸开，手心朝上，以腕部为轴，向上摆动。当要求双机以不同的速度起升时，指挥起升速度快的一方,手要高于另一只手(附图3-29)。

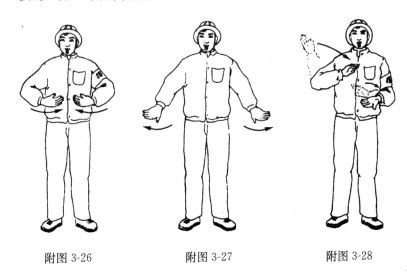

附图 3-26　　　　　附图 3-27　　　　　附图 3-28

2.1.3.2　"慢速起钩"

两小臂水平伸向侧前方,五指伸开,手心朝上,小臂以肘部为轴向上摆动。当要求双机以不同的速度起升时,指挥起升速度快的一方,手要高于另一只手(附图3-30)。

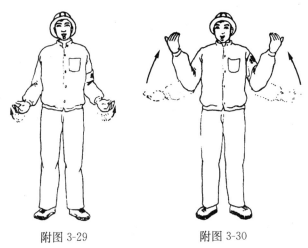

附图 3-29　　　　　附图 3-30

2.1.3.3 "全速起钩"

两臂下垂，五指伸开，手心朝上，全臂向上挥动（附图3-31）。

2.1.3.4 "微速落钩"

两小臂水平伸向侧前方，五指伸开，手心朝下，手以腕部为轴向下摆动。当要求双机以不同的速度降落时，指挥降落速度快的一方，手要低于另一只手（附图3-32）。

2.1.3.5 "慢速落钩"

两小臂水平伸向侧前方，五指伸开，手心朝下，小臂以肘部为轴向下摆动。当要求双机以不同的速度降落时，指挥降落速度快的一方，手要低于另一只手（附图3-33）。

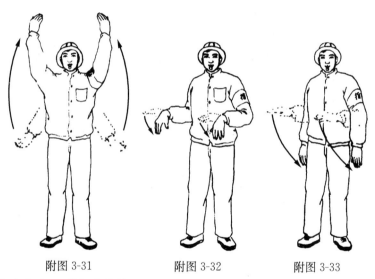

附图3-31　　　　附图3-32　　　　附图3-33

2.1.3.6 "全速落钩"

两臂伸向侧上方，五指伸出，手心朝下，全臂向下挥动（附图3-34）。

2.1.3.7 "一方停止，一方起钩"

指挥停止的手臂作"停止"手势；指挥起钩的手臂则作相应速度的起钩手势（附图3-35）。

附图 3-34　　　　　　附图 3-35

2.1.3.8 "一方停止，一方落钩"

指挥停止的手臂作"停止"手势；指挥落钩的手臂则作相应速度的落钩手势（附图 3-36）。

2.2 旗语信号

2.2.1 "预备"

单手持红绿旗上举（附图 3-37）。

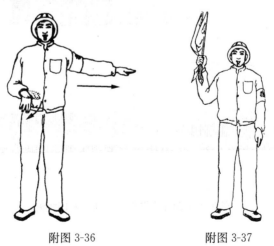

附图 3-36　　　　　　附图 3-37

2.2.2 "要主钩"

单手持红绿旗,旗头轻触头顶(附图3-38)。

2.2.3 "要副钩"

一只手握拳,小臂向上不动,另一只手拢红绿旗,旗头轻触前只手的肘关节(附图3-39)。

2.2.4 "吊钩上升"

绿旗上举,红旗自然放下(附图3-40)。

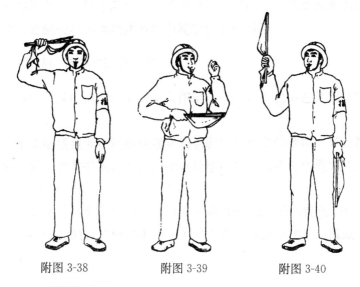

附图3-38　　　　附图3-39　　　　附图3-40

2.2.5 "吊钩下降"

绿旗拢起下指,红旗自然放下(图3-41)。

2.2.6 "吊钩微微上升"

绿旗上举,红旗拢起横在绿旗上,互相垂直(附图3-42)。

2.2.7 "吊钩微微下降"

绿旗拢起下指,红旗横在绿旗下,互相垂直(附图3-43)。

2.2.8 "升臂"

红旗上举,绿旗自然放下(附图3-44)。

2.2.9 "降臂"

红旗拢起下指,绿旗自然放下(附图3-45)。

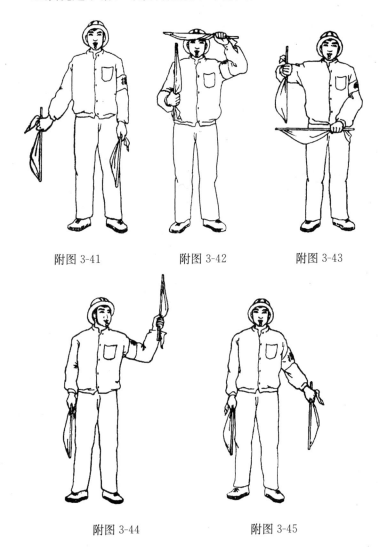

附图 3-41　　　　附图 3-42　　　　附图 3-43

附图 3-44　　　　附图 3-45

2.2.10 "转臂"

红旗拢起,水平指向应转臂的方向(附图3-46)。

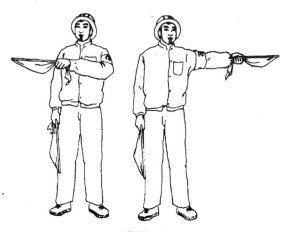

附图 3-46

2.2.11 "微微升臂"

红旗上举,绿旗拢起横在红旗上,互相垂直(附图 3-47)。

2.2.12 "微微降臂"

红旗拢起下指,绿旗横在红旗下,互相垂直(附图 3-48)。

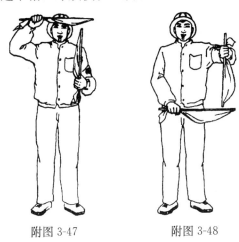

附图 3-47　　附图 3-48

2.2.13 "微微转臂"

红旗拢起,横在腹前,指向应转臂的方向;绿旗拢起,横在红旗前,互相垂直(附图 3-49)。

附图 3-49

2.2.14 "伸臂"

两旗分别拢起,横在两侧,旗头外指(附图 3-50)。

附图 3-50

2.2.15 "缩臂"

两旗分别拢起,横在胸前,旗头对指(附图 3-51)。

2.2.16 "微动范围"

两手分别拢旗,伸向一侧,其间距与负载所要移动的距离接近(附图 3-52)。

2.2.17 "指示降落方位"

单手拢绿旗,指向负载应降落的位置,旗头进行转动(附图 3-53)。

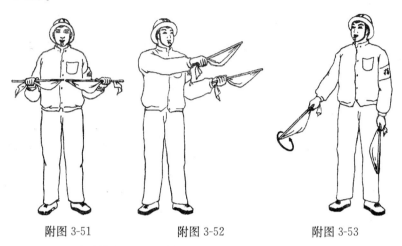

附图 3-51　　　　　　附图 3-52　　　　　　附图 3-53

2.2.18 "履带起重机回转"

一只手拢旗,水平指向侧前方,另只手持旗,水平重复挥动(附图 3-54)。

附图 3-54

2.2.19 "起重机前进"

两旗分别拢起,向前上方伸出,旗头由前上方向后摆动(附图 3-55)。

2.2.20 "起重机后退"

两旗分别拢起,向前伸出,旗头由前方向下摆动(附图 3-56)。

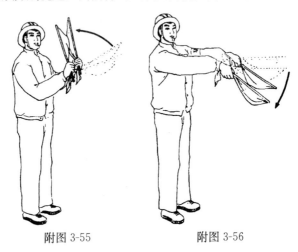

附图 3-55　　　　　附图 3-56

2.2.21 "停止"

单旗左右摆动,另外一面旗自然放下(附图 3-57)。

附图 3-57

2.2.22 "紧急停止"

双手分别持旗,同时左右摆动(附图3-58)。

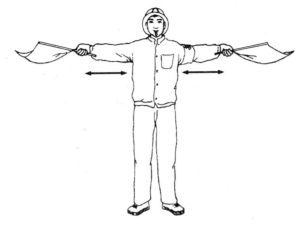

附图3-58

2.2.23 "工作结束"

两旗拢起,在额前交叉(附图3-59)。

2.3 音响信号

2.3.1 "预备"、"停止"

一长声——

2.3.2 "上升"

二短声●●

2.3.3 "下降"

三短声●●●

2.3.4 "微动"

断续短声●○●○●○●

2.3.5 "紧急停止"

急促的长声————

2.4 起重吊运指挥语言

2.4.1 开始、停止工作的语言

附图3-59

起重机的状态	指挥语言	起重机的状态	指挥语言
开始工作	开始	工作结束	结束
停止和紧急停止	停		

2.4.2 吊钩移动语言

吊钩的移动	指挥语言	吊钩的移动	指挥语言
正常上升	上升	正常向后	向后
微微上升	上升一点	微微向后	向后一点
正常下降	下降	正常向右	向右
微微下降	下降一点	微微向右	向右一点
正常向前	向前	正常向左	向左
微微向前	向前一点	微微向左	向左一点

2.4.3 转台回转语言

转台的回转	指挥语言	转台的回转	指挥语言
正常右转	右转	正常左转	左转
微微右转	右转一点	微微左转	左转一点

2.4.4 臂架移动语言

臂架的移动	指挥语言	臂架的移动	指挥语言
正常伸长	伸长	正常升臂	升臂
微微伸长	伸长一点	微微升臂	升一点臂
正常缩回	缩回	正常降臂	降臂
微微缩回	缩回一点	微微降臂	降一点臂

3 司机使用的音响信号

3.1 "明白"——服从指挥
一短声●

3.2 "重复"——请求重新发出信号
二短声●●

3.3 "注意"

长声——————

4 信号的配合应用

4.1 指挥人员使用音响信号与手势或旗语信号的配合

4.1.1 在发出本附录2.3.2"上升"音响时,可分别与"吊钩上升"、"升臂"、"伸臂"、"抓取"手势或旗语相配合。

4.1.2 在发出本附录2.3.3"下降"音响时,可分别与"吊钩下降"、"降臂"、"缩臂"、"释放"手势或旗语相配合。

4.1.3 在发出本附录2.3.4"微动"音响时,可分别与"吊钩微微上升"、"吊钩微微下降"、"吊钩水平微微移动"、"微微升臂"、"微微降臂"手势或旗语相配合。

4.1.4 在发出本附录2.3.5"紧急停止"音响时,可与"紧急停止"手势或旗语相配合。

4.1.5 在发出本附录2.3.1音响信号时,均可与上述未规定的手势或旗语相配合。

4.2 指挥人员与司机之间的配合

4.2.1 指挥人员发出"预备"信号时,要目视司机,司机接到信号在开始工作前,应回答"明白"信号。当指挥人员听到回答信号后,方可进行指挥。

4.2.2 指挥人员在发出"要主钩"、"要副钩"、"微动范围"手势或旗语时,要目视司机,同时可发出"预备"音响信号,司机接到信号后,要准确操作。

4.2.3 指挥人员在发出"工作结束"的手势或旗语时,要目视司机,同时可发出"停止"音响信号,司机接到信号后,应回答"明白"信号方可离开岗位。

4.2.4 指挥人员对起重机械要求微微移动时,可根据需要,重复给出信号。司机应按信号要求,缓慢平稳操纵设备。除此以外,如无特殊要求(如船用起重机专用手势信号),其他指挥信号,指挥人员都应一次性给出。司机在接到下一个信号前,必须按原指挥信号要求操纵设备。

5 对指挥人员和司机的基本要求

5.1 对使用信号的基本规定

5.1.1 指挥人员使用手势信号均以本人的手心、手指或手臂表示吊钩、臂杆和机械位移的运动方向。

5.1.2 指挥人员使用旗语信号均以指挥旗的旗头表示吊钩、臂杆和机械位移的运行方向。

5.1.3 在同时指挥臂杆和吊钩时,指挥人员必须分别用左手指挥臂杆,右手指挥吊钩。当持旗指挥时,一般左手持红旗指挥臂杆,右手持绿旗指挥吊钩。

5.1.4 当两台或两台以上起重机同时在距离较近的工作区域内工作时,指挥人员使用音响信号的音调应有明显区别,并要配合手势或旗语指挥。严禁单独使用相同音调的音响指挥。

5.1.5 当两台或两台以上起重机同时在距离较近的工作区域内工作时,司机发出的音响应有明显区别。

5.1.6 指挥人员用"起重吊运指挥语言"指挥时,应讲普通话。

5.2 指挥人员的职责及其要求

5.2.1 指挥人员应根据本标准的信号要求与起重机司机进行联系。

5.2.2 指挥人员发出的指挥信号必须清晰、准确。

5.2.3 指挥人员应站在使司机能看清指挥信号的安全位置上。当跟随负载运行指挥时,应随时指挥负载避开人员和障碍物。

5.2.4 指挥人员不能同时看清司机和负载时,必须增设中间指挥人员以便逐级传递信号,当发现错传信号时,应立即发出停止信号。

5.2.5 负载降落前，指挥人员必须确认降落区域安全时，方可发出降落信号。

5.2.6 当多人绑挂同一负载时，起吊前，应先做好呼唤应答，确认绑挂无误后，方可由一人负责指挥。

5.2.7 同时用两台起重机吊运同一负载时，指挥人员应双手分别指挥各台起重机，以确保同步吊运。

5.2.8 在开始起吊负载时，应先用"微动"信号指挥，待负载离开地面100～200mm稳妥后，再用正常速度指挥。必要时，在负载降落前，也应使用"微动"信号指挥。

5.2.9 指挥人员应佩戴鲜明的标志，如标有"指挥"字样的臂章、特殊颜色的安全帽、工作服等。

5.2.10 指挥人员所戴手套的手心和手背要易于辨别。

5.3 起重机司机的职责及其要求

5.3.1 司机必须听从指挥人员指挥，当指挥信号不明时，司机应发出"重复"信号询问，明确指挥意图后，方可开车。

5.3.2 司机必须熟练掌握本标准规定的通用手势信号和有关的各种指挥信号，并与指挥人员密切配合。

5.3.3 当指挥人员所发信号违反本标准的规定时，司机有权拒绝执行。

5.3.4 司机在开车前必须鸣铃示警，必要时，在吊运中也要鸣铃，通知受负载威胁的地面人员撤离。

5.3.5 在吊运过程中，司机对任何人发出的"紧急停止"信号都应服从。

6 管理方面的有关规定

6.1 对起重机司机和指挥人员，必须由有关部门进行本标准的安全技术培训，经考试合格，取得合格证后方能操作或指挥。

6.2 音响信号是手势信号或旗语的辅助信号，使用单位可根据工作需要确定是否采用。

6.3 指挥旗颜色为红、绿色。应采用不易退色、不易产生褶皱的材料。其规格：面幅应为 400mm×500mm，旗杆直径应为 25mm，旗杆长度应为 500mm。

6.4 本标准所规定的指挥信号是各类起重机使用的基本信号。如不能满足需要，使用单位可根据具体情况，适当增补，但增补的信号不得与本标准有抵触。

附录 4

建筑起重机械安装拆卸工（塔式起重机）安全技术考核大纲（试行）

1 安全技术理论

1.1 安全生产基本知识

1.1.1 了解建筑安全生产法律法规和规章制度；

1.1.2 熟悉有关特种作业人员的管理制度；

1.1.3 掌握从业人员的权利义务和法律责任；

1.1.4 掌握高处作业安全知识；

1.1.5 掌握安全防护用品的使用；

1.1.6 熟悉安全标志、安全色的基本知识；

1.1.7 了解施工现场消防知识；

1.1.8 了解现场急救知识；

1.1.9 熟悉施工现场安全用电基本知识。

1.2 专业基础知识

1.2.1 熟悉力学基本知识；

1.2.2 了解电工基础知识；

1.2.3 熟悉机械基础知识；

1.2.4 熟悉液压传动知识；

1.2.5 了解钢结构基础知识；

1.2.6 熟悉起重吊装基本知识。

1.3 专业技术理论

1.3.1 了解塔式起重机的分类；

1.3.2 掌握塔式起重机的基本技术参数；

1.3.3 掌握塔式起重机的基本构造和工作原理；

1.3.4 熟悉塔式起重机基础、附着及塔式起重机稳定性知识；

1.3.5 了解塔式起重机总装配图及电气控制原理知识；

1.3.6 熟悉塔式起重机安全防护装置的构造和工作原理；

1.3.7 掌握塔式起重机安装、拆卸的程序、方法；

1.3.8 掌握塔式起重机调试和常见故障的判断与处置；

1.3.9 掌握塔式起重机安装自检的内容和方法；

1.3.10 了解塔式起重机的维护保养的基本知识；

1.3.11 掌握塔式起重机主要零部件及易损件的报废标准；

1.3.12 掌握塔式起重机安装、拆除的安全操作规程；

1.3.13 了解塔式起重机安装、拆卸常见事故原因及处置方法；

1.3.14 熟悉《起重吊运指挥信号》(GB 5082)内容。

2 安全操作技能

2.1 掌握塔式起重机安装、拆卸前的检查和准备

2.2 掌握塔式起重机安装、拆卸的程序、方法和注意事项

2.3 掌握塔式起重机调试和常见故障的判断

2.4 掌握塔式起重机吊钩、滑轮、钢丝绳和制动器的报废标准

2.5 掌握紧急情况处置方法

附录 5

建筑起重机械安装拆卸工（塔式起重机）安全操作技能考核标准（试行）

1 塔式起重机的安装、拆卸

1.1 考核设备和器具

1.1.1 QTZ 型塔式起重机一台（5 节以上标准节），也可用模拟机；

1.1.2 辅助起重设备一台；

1.1.3 专用扳手一套，吊、索具长、短各一套，铁锤 2 把，相应的卸扣 6 个；

1.1.4 水平仪、经纬仪、万用表、拉力器、30m 长卷尺、计时器；

1.1.5 个人安全防护用品。

1.2 考核方法

每 6 位考生一组，在实际操作前口述安装或顶升全过程的程序及要领，在辅助起重设备的配合下，完成以下作业：

（A）塔式起重机起重臂、平衡臂部件的安装

安装顺序：安装底座→安装基础节→安装回转支承→安装塔帽→安装平衡臂及起升机构→安装 1～2 块平衡重（按使用说明书要求）→安装起重臂→安装剩余平衡重→穿绕起重钢丝绳→接通电源→调试→安装后自验。

(B) 塔式起重机顶升加节

顶升顺序：连接回转下支承与外套架→检查液压系统→找准顶升平衡点→顶升前锁定回转机构→调整外套架导向轮与标准节间隙→搁置顶升套架的爬爪、标准节踏步与顶升横梁→拆除回转下支承与标准节连接螺栓→顶升开始→拧紧连接螺栓或插入销轴（一般要有2个顶升行程才能加入标准节）→加节完毕后油缸复原→拆除顶升液压线路及电气。

1.3 考核时间

120min。具体可根据实际考核情况调整。

1.4 考核评分标准

(A) 塔式起重机起重臂、平衡臂部件的安装

满分70分。考核评分标准见附表5-1，考核得分即为每个人得分，各项目所扣分数总和不得超过该项应得分值。

考核评分标准表　　　　　　　　　　　　附表5-1

序号	扣　分　标　准	应得分值
1	未对器具和吊索具进行检查的，扣5分	5
2	底座安装前未对基础进行找平的，扣5分	5
3	吊点位置确定不正确的，扣10分	10
4	构件连接螺栓未拧紧、或销轴固定不正确的，每处扣2分	10
5	安装3节标准节时未用（或不会使用）经纬仪测量垂直度的，扣5分	5
6	吊装外套架索具使用不当的，扣4分	4
7	平衡臂、起重臂、配重安装顺序不正确的，每次扣5分	10
8	穿绕钢丝绳及端部固定不正确的，每处扣2分	6
9	制动器未调整或调整不正确的，扣5分	5
10	安全装置未调试的，每处扣5分；调试精度达不到要求的，每处扣2分	10
	合　　计	70

(B) 塔式起重机顶升加节

满分 70 分。考核评分标准见附表 5-2，考核得分即为每个人得分，各项目所扣分数总和不得超过该项应得分值。

考核评分标准表　　　　　　　　附表 5-2

序号	扣　分　标　准	应得分值
1	构件连接螺栓未紧固或未按顺序进行紧固的，每处扣 2 分	10
2	顶升作业前未检查液压系统工作性能的，扣 10 分	10
3	顶升前未按规定找平衡的，每次扣 5 分	10
4	顶升前未锁定回转机构的，扣 5 分	5
5	未能正确调整外套架导向轮与标准节主弦杆间隙的，每处扣 5 分	15
6	顶升作业未按顺序进行的，每次扣 10 分	20
	合　　计	70

说明：1. 本考题分（A）、（B）两个题，即塔式起重机起重臂、平衡臂部件的安装和塔式起重机顶升加节作业，在考核时可任选一题。

2. 本考题也可以考核塔式起重机降节作业和塔式起重机起重臂、平衡臂部件拆卸，考核项目和考核评分标准由各地自行拟定。

3. 考核过程中，现场应设置 2 名以上的考评人员。

2　零部件判废

2.1　考核器具

2.1.1　吊钩、滑轮、钢丝绳和制动器等实物或图示、影像资料（包括达到报废标准和有缺陷的）；

2.1.2　其他器具：计时器 1 个。

2.2　考核方法

从吊钩、滑轮、钢丝绳、制动器等实物或图示、影像资料中随机抽取3件（张），判断其是否达到报废标准并说明原因。

2.3 考核时间

10min。

2.4 考核评分标准

满分15分。在规定时间内能正确判断并说明原因的，每项得5分；判断正确但不能准确说明原因的，每项得3分。

3 紧急情况处置

3.1 考核设备和器具

3.1.1 设置突然断电、液压系统故障、制动失灵等紧急情况或图示、影像资料；

3.1.2 其他器具：计时器1个。

3.2 考核方法

由考生对突然断电、液压系统故障、制动失灵等紧急情况或图示、影像资料中所示紧急情况进行描述，并口述处置方法。对每个考生设置一种。

3.3 考核时间

10min。

3.4 考核评分标准

满分15分。在规定时间内对存在的问题描述正确并正确叙述处置方法的，得15分；对存在的问题描述正确，但未能正确叙述处置方法的，得7.5分。

尊敬的读者：

感谢您选购我社图书！建工版图书按图书销售分类在卖场上架，共设22个一级分类及43个二级分类，根据图书销售分类选购建筑类图书会节省您的大量时间。现将建工版图书销售分类及与我社联系方式介绍给您，欢迎随时与我们联系。

★建工版图书销售分类表（见下表）。

★欢迎登陆中国建筑工业出版社网站www.cabp.com.cn，本网站为您提供建工版图书信息查询，网上留言、购书服务，并邀请您加入网上读者俱乐部。

★中国建筑工业出版社总编室
电　话：010—58337016
传　真：010—68321361

★中国建筑工业出版社发行部
电　话：010—58337346
传　真：010—68325420
E-mail：hbw@cabp.com.cn

建工版图书销售分类表

一级分类名称（代码）	二级分类名称（代码）	一级分类名称（代码）	二级分类名称（代码）
建筑学（A）	建筑历史与理论（A10）	园林景观（G）	园林史与园林景观理论（G10）
	建筑设计（A20）		园林景观规划与设计（G20）
	建筑技术（A30）		环境艺术设计（G30）
	建筑表现·建筑制图（A40）		园林景观施工（G40）
	建筑艺术（A50）		园林植物与应用（G50）
建筑设备·建筑材料（F）	暖通空调（F10）	城乡建设·市政工程·环境工程（B）	城镇与乡（村）建设（B10）
	建筑给水排水（F20）		道路桥梁工程（B20）
	建筑电气与建筑智能化技术（F30）		市政给水排水工程（B30）
	建筑节能·建筑防火（F40）		市政供热、供燃气工程（B40）
	建筑材料（F50）		环境工程（B50）
城市规划·城市设计（P）	城市史与城市规划理论（P10）	建筑结构与岩土工程（S）	建筑结构（S10）
	城市规划与城市设计（P20）		岩土工程（S20）
室内设计·装饰装修（D）	室内设计与表现（D10）	建筑施工·设备安装技术（C）	施工技术（C10）
	家具与装饰（D20）		设备安装技术（C20）
	装修材料与施工（D30）		工程质量与安全（C30）
建筑工程经济与管理（M）	施工管理（M10）	房地产开发管理（E）	房地产开发与经营（E10）
	工程管理（M20）		物业管理（E20）
	工程监理（M30）	辞典·连续出版物（Z）	辞典（Z10）
	工程经济与造价（M40）		连续出版物（Z20）
艺术·设计（K）	艺术（K10）	旅游·其他（Q）	旅游（Q10）
	工业设计（K20）		其他（Q20）
	平面设计（K30）	土木建筑计算机应用系列（J）	
执业资格考试用书（R）		法律法规与标准规范单行本（T）	
高校教材（V）		法律法规与标准规范汇编/大全（U）	
高职高专教材（X）		培训教材（Y）	
中职中专教材（W）		电子出版物（H）	

注：建工版图书销售分类已标注于图书封底。